深部巷道等强支护控制理论研究

文金浩　左建平　王在泉　文志杰　著

应急管理出版社

·北　京·

图书在版编目（CIP）数据

深部巷道等强支护控制理论研究/文金浩等著．--北京：应急管理出版社，2023

ISBN 978-7-5020-7194-3

Ⅰ.①深… Ⅱ.①文… Ⅲ.①巷道支护—研究 Ⅳ.①TD353

中国国家版本馆 CIP 数据核字(2023)第 151073 号

深部巷道等强支护控制理论研究

著　　者　文金浩　左建平　王在泉　文志杰
责任编辑　成联君　尹燕华
责任校对　张艳蕾
封面设计　解雅欣

出版发行　应急管理出版社（北京市朝阳区芍药居 35 号　100029）
电　　话　010-84657898（总编室）　010-84657880（读者服务部）
网　　址　www. cciph. com. cn
印　　刷　北京虎彩文化传播有限公司
经　　销　全国新华书店

开　　本　710mm×1000mm 1/16　**印张**　9 3/4　**字数**　179 千字
版　　次　2023 年 9 月第 1 版　2023 年 9 月第 1 次印刷
社内编号　20230800　　**定价**　35. 00 元

前　　言

我国是世界上发现和利用煤炭最早的国家之一。我国煤炭产量的90%左右来自井工开采，因此需要掘进大量巷道。据不完全统计，我国每年煤矿新掘进巷道总长度达到数万千米，这些巷道围岩的稳定状况直接关系到煤矿的安全生产和经济效益。随着我国对煤炭资源需求持续增加及煤炭开采强度不断加大，浅部资源日益减少，煤矿相继进入深部开采状态。开采深度的不断增加使煤矿开采所面临的工程条件与地质环境越来越复杂，深部高地应力造成巷道围岩控制难度加大，极易导致巷道变形失稳。因此对巷道支护理论与技术的探究与发展一直都是煤矿岩层控制的核心内容之一。

近年来，巷道支护技术与支护设备迅速发展，尤其是以锚杆（索）为主的主动支护技术及以金属支架为主的被动支护技术迅猛发展，使得煤矿巷道支护效果得到明显改善，但是煤矿地质条件复杂多变，造成深部巷道支护控制效果有待提高。因此研究与发展深部巷道支护控制理论依然具有重要的实用价值和现实意义。

本书主要针对我国煤矿开采所涉及矿山岩体变形、破坏及控制而展开研究，重点讨论了巷道围岩受力及巷道支护问题。全书共分为五章，第一章介绍了巷道围岩控制的必要性、归纳总结了巷道支护理论与支护技术的发展现状；第二章阐述了深部岩体地质环境与力学特征，总结了深部巷道围岩破坏的典型模式及围岩变形特征，分析了影响深部巷道围岩稳定的多种因素；第三章分析了典型形状巷道围岩受力特征，阐明了围岩应力分布规律及围岩破坏力学机制；第四章和第五章基于“等强度梁”力学概念提出了深部巷道等强梁支护模型，针对煤矿实际问题，进一步建立了深部巷道等强支护控制理论模型，并通过现场实践验证了等强支护控制理论的可行性与有效性。本书可供采矿工程、地下空间工程、岩土工程等领域的科研与工程技术人员和高等院校师生参考。

本书的撰写出版得到了国家自然科学基金（52204140、52274130、42272334）、青岛市博士后应用研究项目、煤炭开采水资源保护与利用国家重点实验室开放基金（GJNY-21-41-02）的资助。阳泉煤业（集团）有限责任公司有关领导及工程技术人员为本书相关内容的充实给予了大力支持，在此对他们的辛勤指导与热心帮助表示诚挚感谢。为了让读者能够更加全面地了解本领域的最新进展，我们参考和引用了相关领域诸多专家学者的研究成果，在此对各位文献作者表示感谢，同时对不慎遗漏标注的文献作者表示歉意。

本书主要针对深部巷道变形破坏与支护控制展开研究，虽然取得了一些研究成果，但这些成果只是基于笔者的观点而得出的有限认识。限于笔者的水平，书中难免存在不足之处，敬请读者批评指正。

著　者

2023 年 3 月于青岛

目　　次

1 概　　述

1.1 背景及意义

我国煤炭资源较为丰富，产量一直稳居世界首位。长期以来，我国能源禀赋一直是“富煤、贫油、少气”，煤炭是我国最重要的一次能源以及重要的工业原材料，为我国经济发展以及国家能源的稳定安全供应提供了强有力的保障。由图 1-1 可以清晰地发现，目前我国能源消费处于油气资源替代煤炭资源，新能源和可再生能源等非化石能源替代化石能源的转型期，在我国能源生产及消费结构的比例中，原煤产量占一次能源生产总量的比重及煤炭资源占能源消费总量的比重分别由 2010 年的 76.2%、69.2% 缓慢下降到了 2019 年的 68.6%、57.7%，二者所占比重表现出持续下降的趋势。根据我国能源工业发展需求以及有关部门的预测，煤炭资源占能源消费总量的占比将由 2019 年的 57.7% 逐步下降到 2025 年的 50%~52%，但仍占我国能源消费总量的一半以上。因此，在可预见的未来 20~50 年内，在非化石能源等其他可再生绿色能源形成规模以前，煤炭资源在我国一次能源中的主体地位仍旧不会改变。

近些年来为了满足经济发展的需要，我国对煤炭资源的需求持续增加导致煤炭开采强度与速度不断加大，煤炭资源的开采进入了高产高效时期。据统计，我国煤炭资源储量在 2000 m 以浅约有 4.55×10^{12} t，其中埋深在 1000~2000 m 的资源量超过 50%（图 1-2），且主要分布在我国的中东部地区。煤炭需求的旺盛造成浅部资源日益减少，我国煤矿陆续进入深部采掘状态。现阶段我国煤矿正以每年 8~12 m 的速度向深部延伸，其中，东部地区的煤矿更是以每年 10~25 m 的速度发展。目前，淮南、开滦、兖州、新汶和淄博等多数或部分矿井的采掘深度已超过 800 m，有些矿井甚至达到 1000~1300 m。据不完全统计数据显示，我国已有 50 多座开采深度超过 1000 m 的煤矿。依照目前的采掘速度，预计在未来的 20 年内我国煤矿将相继进入 1000~1500 m 的开采阶段。

随着开采深度的不断增加，地应力不断升高，巷道所处地质环境越来越复杂，导致深部巷道围岩在物理力学性质上表现出与浅部巷道围岩差异很大，加大了深部巷道围岩控制的难度。由于地应力小，浅部岩体大多处于弹性状态，

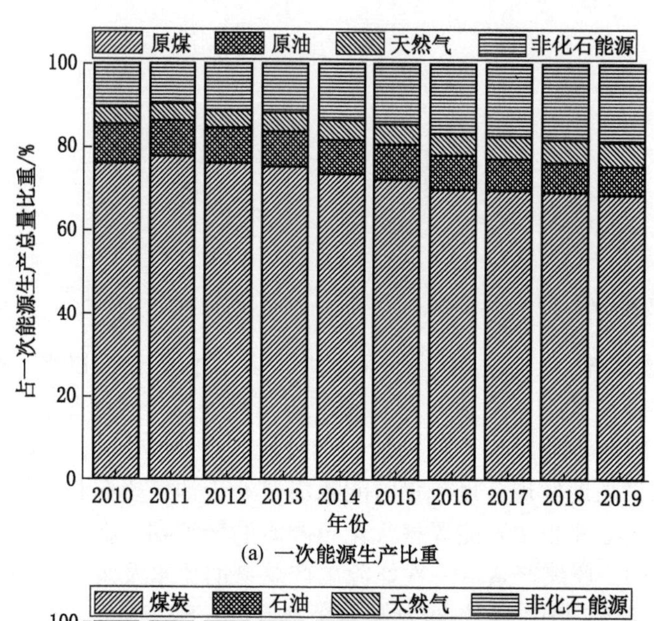

(a) 一次能源生产比重

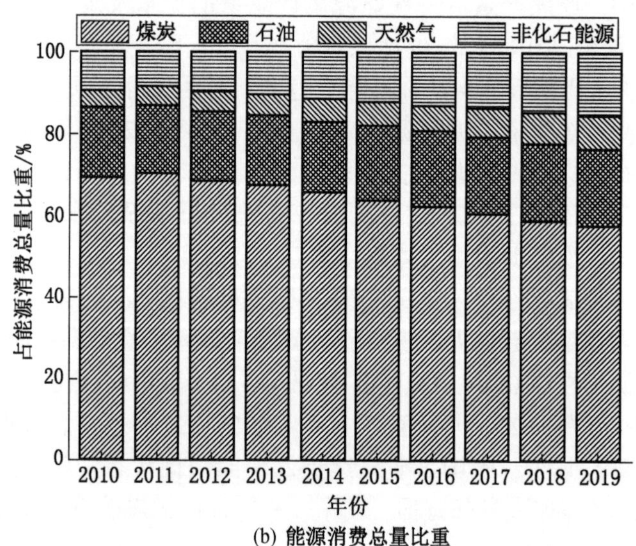

(b) 能源消费总量比重

图 1-1　2010—2019 年我国能源生产情况及消费结构变化

而在深部，较高的地应力造成巷道开挖后围岩应力重新分布后极易高出岩体的屈服极限，使围岩呈现塑性状态，出现大变形进而导致巷道失稳。有统计表明，每年我国新掘进矿井巷道长度可达 12000 km，巷道开挖与维护的工程量巨大。由于受深部地应力环境、围岩体力学行为转变及工程条件的影响，超过 90% 的深部巷道围岩会出现大变形、松动坍塌及支护失效等问题。我国煤矿灾害统计

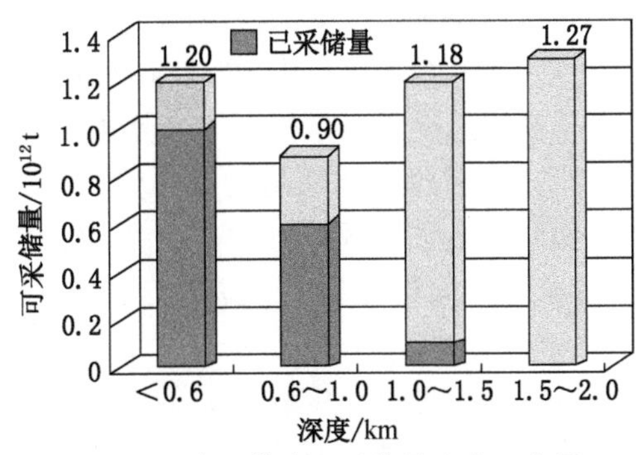

图1-2 我国煤炭可采储量分布示意图

资料显示，顶板事故十分严重，并且主要以掘进工作面与巷道为主。据不完全统计，巷道顶板事故占煤矿总事故的50%~55%。因此要保证煤矿的安全生产，就必须要求巷道支护安全稳定可靠。

近年来，巷道支护技术与支护设备迅速发展，尤其是以锚杆（索）为主的主动支护技术及以金属支架为主的被动支护技术迅猛发展，使得煤矿巷道支护效果得到明显改善，但是煤矿地质条件复杂多变，造成深部巷道支护控制效果有待提高。因此对巷道支护理论与技术的探究与发展一直都是岩层控制的重要内容之一，研究与发展深部巷道支护控制理论依然具有重要的实用价值和现实意义。本书基于此研究背景，深入研究巷道围岩受力及巷道支护问题，对于丰富煤矿巷道支护理论、岩层控制理论，促进巷道支护技术进一步发展，完善科学采矿及煤矿绿色开采理论都具有重要的理论与应用价值。

1.2 巷道支护控制理论研究现状

为了保持巷道围岩稳定，控制巷道围岩变形，消除巷道片帮、冒顶、冲击地压、底鼓等安全隐患，从20世纪初期开始，国内外专家学者们相继提出了众多支护控制理论，为巷道支护设计的合理化做出了重要贡献。

1. 塌落拱理论

以普氏和太沙基为代表的塌落拱理论认为：松散介质中开挖的硐室顶部会形成一个自然平衡拱，即“塌落拱”，“塌落拱”的高度与硐室跨度和巷道围岩性质有关，普氏认为“塌落拱”的形状为抛物线状，而太沙基理解为矩形。该理论首次提出了巷道围岩具有自我承载能力。

普氏理论认为岩体中存在很多纵横交错的节理裂隙以及各种弱面，将岩体切割成尺寸不等、形状各异的岩块，由于岩块间相互揳入与镶嵌，可将其视为具有一定黏聚力的松散体。深埋硐室开挖后，由于应力重新分布，硐室围岩发生破坏，顶部岩体塌落到一定程度后，岩体进入新的平衡状态，形成自然平衡拱，也称为压力拱。由于普氏假设围岩是松散体，其抗拉、抗弯能力近似于零，因此，自然平衡拱的切线方向只作用有压应力，自然平衡拱以上的岩体重量通过拱传递到硐室两侧，而对拱内岩体不产生影响。因此，作用于硐室支护上的顶压，仅为自然平衡拱与硐室间的破碎岩块重量，而与拱外岩体及硐室埋深无关。

太沙基理论将地层岩体视为具有一定黏聚力的松散体，以“应力传递”概念推导出作用于硐顶的垂直围岩压力。该理论认为地下工程埋深较浅时，松动压力与埋深有关，随着埋深的增大而增大；当埋深较大时，由摩擦力所产生的应力传递作用，使上覆柱状岩体的部分重量传至两侧，垂直应力基本保持不变。太沙基理论是基于浅埋硐室失稳模式建立的，当相关参数满足一定条件时，其结果也符合深埋硐室的情况。

2. 新奥法

20 世纪 50 年代，L. V. Rabcewicz 等在前人的基础上提出了新奥地利隧道施工方法，简称新奥法（NATM）。新奥法的基本原理是针对隧道开挖应力重新分布后，为控制围岩的持续变形与破坏，通过对开挖面及时采取喷射混凝土、锚杆、钢拱架等支护手段，约束围岩变形破坏的发展并使围岩成为支护体系的组成部分，将二维应力状态还原为三维应力状态；通过开展信息化设计与动态施工，基于监控量测成果，及时调整支护措施与支护时机，控制围岩变形，确保围岩的自承能力得到进一步发挥，形成新的稳定状态。

运用新奥法原理进行隧道设计，需要遵循“尽可能减少围岩破坏、支护及早封闭成环”的原则。喷射混凝土、锚杆和量测是新奥法施工的三个基本要素。喷射混凝土的主要特点是对开挖暴露的围岩立即封闭、充填裂隙并改善围岩力学状态；系统地布设锚杆，迅速形成支承围岩的承载环，控制围岩的径向变形；监控量测，指导和验证围岩承载环的稳定性。

3. 能量支护理论

20 世纪 70 年代，M. D. Salamon 等提出了能量支护理论。该理论认为巷道的开挖使原岩体的能量失去平衡并出现能量再分配，巷道的掘进和支护存在能量的相互转换，根据能量守恒与能量转换的基本规律，围岩与支护体在相互作用的过程中围岩通过变形释放能量，支护体吸收这部分能量的同时发生形变，但总的能量没有变化，通过围岩和支护体的自主调节实现二者的动态平衡。该理论主张利用支护结构的特点，使支架自动调整围岩释放的能量和支护体吸收的能量，支护结构具有自动释放多余能量的功能。该理论通过研究巷道支护中围岩能量和支护体能量的转化问题，从而解释了支护稳定或破坏的现象。该理论主要是把岩体视为均质线弹性体进行分析，具有一定的局限性。

4. 应力控制理论

苏联科研人员基于巷道围岩的应力状态阐述了应力控制思想，也称应力转移法、围岩弱化法。该理论认为巷道围岩破坏的主要原因是开掘巷道时，围岩体受力状态发生了改变，故对巷道围岩的控制也就是对巷道围岩应力的控制，可通过一定的工程技术手段（如钻卸压孔、开卸压槽、钻孔爆破、留卸压煤柱等）局部弱化围岩来调整围岩的应力分布状态，从而改变围岩的应力分布情况，使应力集中程度减小，改变应力方向让支承压力转向巷道围岩深处，使巷道处于良好的应力环境，从而提高巷道围岩的稳定性。

5. 联合支护理论

郑雨天、陆家梁、冯豫等人在总结新奥法支护的基础上同时结合矿井平均开拓深度不断增大、众多井巷尤其软岩巷道经常出现难以维护的新情况，对破碎围岩巷道支护技术进行系统研究，提出了联合支护理论。该理论认为：对于深部软岩巷道，只提高支护体刚度很难有效控制围岩大变形，巷道开挖后应进行柔性支护，允许巷道存在一定变形，释放部分变形压力，当巷道围岩变形到相对稳定状态后再施加刚性支护，采用“先柔后刚、先让后抗、柔让适度、稳定支护”的支护原则，对应的支护方式为锚网喷、锚网喷支架、锚梁网支架等联合加固。在复杂困难条件巷道中，联合支护理论得到了广泛应用。

6. 轴变论

于学馥等提出了轴变论思想，该理论认为巷道塌落可以自行稳定，可以用弹塑性理论进行分析。围岩破坏是由于应力超过岩体强度极限引起的，塌落改变巷道轴比，导致应力重新分布。应力重新分布的特点是高应力下降，低应力上升，并向无拉力和均匀分布发展，直到稳定而停止。应力均匀分布的轴比是巷道最稳定的轴比，其形状为椭圆形。在两向不等压条件下圆形巷道破坏的最终形态为椭圆形，并推导出巷道最佳轴变比的计算公式，对巷道的断面设计及支护设计具有指导意义。该理论指出了采掘空间尺寸变化对围岩变形和破坏所起的控制作用，解释了冒落拱的存在和发展机理。

7. 围岩强度强化理论

侯朝炯等提出了围岩强度强化理论，该理论认为巷道锚杆支护的实质是锚杆和锚固区域的岩体相互作用而组成锚固体，形成统一的承载结构。巷道锚杆支护可以提高锚固体的力学参数，包括锚固体破坏前后的力学参数（弹性模量、黏聚力、内摩擦角等)，改善被锚固岩体的力学性能。巷道围岩存在破碎区、塑性区、弹性区，锚杆锚固区域内岩体的峰值强度、峰后强度及残余强度均能得到强化。锚杆支护可改变围岩的应力状态，增加围压，提高围岩的承载能力，改善巷道支护状况。围岩锚固体强度提高后，可减小巷道周围破碎区、塑性区范围和巷道表面位移，控制围岩破碎区、塑性区的发展，从而有利于保持巷道围岩的稳定。

8. 围岩松动圈理论

董方庭等提出了巷道围岩松动圈理论，认为巷道开掘完成后，巷道围岩应力受到扰动而引起应力重新分布，局部产生应力集中现象，当集中应力大于岩体的极限应力时，岩体发生变形破坏而使应力降低，围岩变形破碎产生裂隙，从而形成松动圈。围岩一旦产生松动圈，围岩的最大变形荷载是松动圈产生过程中的碎胀变形，围岩破裂过程中的岩石碎胀变形是支护的对象。按松动圈的尺寸大小，将巷道围岩松动圈分为小松动圈、中松动圈和大松动圈，围岩松动圈越大，碎胀变形越大，围岩变形量越大，巷道支护也越困难。不同程度的松动圈采用不同的支护方法。围岩松动圈客观存在于围岩中，支护控制的主要载荷是松动圈出现过程中产生的形变与支护体的相互作用力。

根据围岩松动圈理论，将巷道支护分为三种类型：小松动圈（厚度小于400 mm)，锚杆支护作用不明显，只需进行喷射混凝土支护。中松动圈（厚度为400~1500 mm）支护比较容易，采用悬吊理论设计锚杆参数，悬吊点在松动圈之外。大松动圈（厚度大于1500 m)，锚杆的作用是给松动圈内破裂围岩提供约束力，使其恢复到接近原岩强度并具有可缩性，采用加固拱理论设计锚杆支护参数。

9. 关键部位耦合支护理论

何满潮等提出了关键部位耦合支护理论，该理论认为巷道失稳是由于支护结构与围岩的相互作用不协调，围岩支护结构受力和变形存在不均衡性，忽视对一些关键部位的重点支护等问题引起的，造成巷道总是从某一部位或几个部位最先开始破坏，并不断向其他部位扩展最终导致巷道整体失稳，这些首先破坏的部位，我们称之为关键部位。按照支护与围岩相互作用后出现关键部位的类型可分为四种类型：Ⅰ型关键部位是指支护体和围岩的强度不耦合，非均匀的荷载作用在等强的支护体上，形成局部过载，产生局部破坏，最终导致支护体失稳；Ⅱ型关键部位是指支护体和围岩的刚度正向不耦合，支护体刚度小于围岩刚度，围岩产生的过量变形得不到限制，使围岩剧烈变形区先损伤、强度降低，从而将其本身所承担的荷载传递到支护体上，形成局部过载而产生破坏；

Ⅲ型关键部位是指支护体和围岩的刚度负向不耦合，支护体刚度大于围岩刚度，围岩的膨胀性等能量不能充分转化为变形能而释放，造成局部能量聚集，使支护体局部过载而首先产生破坏；Ⅳ型关键部位的支护体和围岩结构变形不耦合，支护体产生均匀的变形，围岩中的结构面（如软弱夹层、层理面、断层面、节理面等）产生差异性滑移变形，使支护体局部发生破坏。因此需要对支护方案有所侧重，减少或消除围岩与支护构件之间的不协调因素，达到对巷道围岩关键部位的重点支护，只有当围岩与支护体在强度、刚度及结构上相互耦合时，巷道围岩控制才能取得较好的效果。

10. 主次承载区支护理论

方祖烈提出了主次承载区支护思想，该理论认为巷道开挖后出现的围岩拉压域分布是围岩力学形态变化的重要特征，巷道表面围岩卸载破坏成为张拉区，是围岩支护的次承载区，巷道深部围岩仍处于弹性压缩状态，呈现为压缩区，是围岩支护的主承载区，压缩区对维护巷道稳定起关键性作用，具有较强的自承能力。拉压域在深部软岩巷道围岩中普遍存在，随围岩结构、性质以及支护方式、参数的不同而改变，是围岩变形破坏的重要特征之一。张拉区出现在巷道浅处，围岩破裂，应力与岩体强度都大大降低，难以自稳，必须通过支护加固才能形成一定的承载能力，是支护控制的主要区域。深部稳定围岩承担围岩的主要荷载，成为主承载区。两者相互作用，维护巷道围岩的稳定。

11. 关键承载圈理论

康红普提出了关键承载圈（层）理论，该理论认为任何巷道围岩中均包含有承载圈（层），巷道稳定性取决于承受较大切向应力的岩层或承载圈（层），承载圈（层）的稳定与否就决定了巷道的稳定性，因此该承载圈（层）为关键承载圈（层）。关键承载圈（层）内部的岩石重量是支护的对象，关键承载圈（层）以下的不稳定岩层的高度是荷载高度。支护的目的是控制关键承载圈半径以内岩石的变形和稳定性，巷道维护的难易程度与承载圈距离巷道的远近成正比。关键承载圈（层）厚度越大，分布越均匀，承载能力越大；关键承载圈（层）应力分布越均匀，承载能力越大；关键承载圈（层）离巷道周边越近，巷道越容易维护。

12. 内外承载结构理论

王卫军、李树清提出了内外承载结构理论。该理论认为巷道开挖后，围岩切向应力增大，巷道周边围岩出现塑性破坏，集中应力向深处围岩转移，进而在离巷道周边一定距离处形成应力集中区。由于该应力集中区承担岩层应力的主要部分，对巷道围岩的稳定起着重要作用，将其称为外承载结构，它主要是巷道围岩应力峰值处，以部分塑性硬化区和软化区的煤岩体为主构成的承载结构。内承载结构主要是锚固体、注浆体及支架等巷道围岩的支护控制结构，外承载结构是主要承载结构，它保护内承载结构，对巷道围岩稳定起着重要的作用；内承载结构是次要承载结构，但它对围岩稳定起着关键的作用，适时、有效的内承载结构可以改善围岩应力状态，对外承载结构提供较大的径向支撑力，促使外承载结构稳定，同时减弱围岩软化，减小破碎区变形量，保证巷道围岩的稳定。

13. 巷道自稳平衡圈理论

黄庆享基于巷道在变形过程中出现的自稳现象，考虑“底板—两帮—顶板”相互影响，提出了巷道自稳平衡圈理论并建立了自稳平衡圈的曲线表达式，指出了巷道支护的主体对象是自稳平衡圈以内的围岩，支护的主要目的就是确保自稳平衡圈以内围岩的稳定，“底板—两帮—顶板”共同构成巷道稳定性的整体系统，巷道顶板自稳平衡拱的大小随着两帮塑性区的增大而增大，两帮塑性区随底板变形而增大，加强底板和两帮的支护，将缩小顶板自稳平衡拱的高度。为此，提出了“治顶先治帮，治帮先治底”的巷道控制原则，为软岩巷道控制提供了参考价值。

14. 深部巷道围岩稳定性控制理论

袁亮探讨了深部煤矿巷道围岩分类标准体系，并对不同分级的围岩采取相应的支护措施，在此基础上提出了深部巷道围岩稳定性控制理论，指出了巷道支护的原则为：巷道开挖后尽快最大限度地恢复巷道自由面上的法向应力，改善因巷道开挖导致劣化的近表围岩的应力状态；采用高强支护加固措施增强围岩，提高围岩固有抗剪强度，严格限制围岩沿原生裂隙和次生破裂滑移面的剪切变形；对破裂区围岩进行固结，对损伤区围岩进行修复，恢复提高围岩的完整性和整体强度；将靠近巷道浅表一定范围内的高应力峰值向围岩深处转移(应力转移)，将锚注加固区与稳定岩体联结成一体，实现围岩承载圈范围的扩大。简称为“围岩应力恢复与改善、围岩增强、破裂固结与损伤修复、围岩应力转移与扩大承压范围”4项基本原则。提出了针对各类深部围岩进行深部巷道围岩稳定控制的技术措施体系，并实施分步联合支护的技术方案。

15. 冲击地压巷道三级支护理论

潘一山、齐庆新等提出了冲击地压巷道三级支护理论，通过提高支护强度和吸收释放能量，基于设防能量大小，对巷道实施一级支护锚杆、二级支护“O”形棚和三级支护液压支架，使冲击地压不发生或无显现破坏停止下来。构建了冲击地压巷道三级吸能支护技术体系，具体而言，第一级支护为锚杆锚索支护，为围岩稳定支护，实现围岩的最大自承载；第二级支护为U型钢“O”形棚支护，为让压支护，达到支护的最大抗变形；第三级支护为吸能支架支护，为刚性支护，实现巷道的最大抗冲击。强调支护具有冲击倾向的巷道时，支护体必须具备让压与吸能的特点，根据巷道冲击地压能量的大小开展分级支护设计，从而构建三级吸能支护体系。

16. 巷道承压环支护理论

高延法提出了巷道承压环支护理论，认为巷道开挖后以钢管混凝土支架支护、锚网喷支护、围岩注浆以及修筑钢筋混凝土碹体等为基础的支护技术能在巷道围岩内形成巷道承压环结构体，由承压环控制其外部巷道围岩的稳定性，并改善围岩应力状态；承压环是封闭的环状承压结构，通过承压环的作用能够有效抑制巷道底鼓和两帮变形；巷道承压环采用二次连续支护技术，在最优支护时间施加注浆与钢管混凝土支架联合支护。可以通过优化支护参数及方式，扩大承压环范围，从而改善围岩承载能力。

17. “三主动”支护控制理论

康红普提出了巷道围岩支护—改性—卸压的“三主动”支护控制理论，强调通过高预应力锚杆、锚索及时主动支护，减小围岩浅部偏应力和应力梯度，抑制锚固区内围岩不连续、不协调的扩容变形，减小围岩强度的降低，在围岩中形成预应力承载结构；通过高压劈裂主动注浆改性，提高巷帮煤体的强度、完整性及煤层中锚杆、锚索锚固力，不仅可控制巷帮变形，而且可提高巷帮对顶板的支撑能力；在工作面开采前选择合理层位进行水力压裂主动卸压，减小侧方悬顶和采空区后方悬顶，并产生新裂隙，激活原生裂隙，降低工作面开采时采动应力量值和范围。通过高预应力锚杆、锚索主动支护—煤层高压劈裂主动改性—超前工作面水力压裂主动卸压，改善围岩应力状态，抑制围岩强度衰减，提高煤层结构强度与完整性，进而控制千米深井高应力、强采动软岩巷道围岩大变形。

18. 深部巷道“双壳”支护控制理论

杨本生提出了深部巷道“双壳”支护控制理论，该理论认为巷道的稳定主要是围岩结构的稳定，巷道的变形主要是结构的变形，围岩的破坏主要是结构的破坏。“双壳”是通过锚杆+浅部注浆和锚索+深部注浆形成，其结构形成过程如下：利用注浆锚杆或注浆+锚杆在浅部破裂区围岩形成具有一定厚度、结构均匀、封闭环形壳体，浆液胶结破碎围岩成为整体，为锚杆支护提供可靠的着力基础，锚杆提高围岩刚度，连接浅部松散体成为整体。注浆和锚杆可提高围岩力学性质，增大围岩支撑强度，转变围岩受力状态，改变浅部围岩结构，实现浅部壳体结构稳定。待深部岩体移动变形趋于缓和或稳定时进行深部注浆+锚索支护，或注浆锚索加固深部围岩，胶结深部后期破裂岩体成为一个整体，提高岩体力学性能，降低岩体流变变形速率，锚索加固围岩，提供一径向支护阻力，提高围岩最小主应力，改善岩体受力状态，连接深浅围岩，调动深部岩体协同变形，承担岩体高集中应力，阻隔应力向浅部岩体传递。“双壳”结构的产生主要依靠浅部注浆与锚杆支护、深部注浆与锚索支护构成，浅部壳体提高浅部围岩的残余强度与刚度，确保浅部围岩稳定的基础上适当让压，深部壳体的作用主要是改善围岩承压能力，隔断深部应力对浅部壳体的应力作用，确保其稳定。

19. 悬吊理论

悬吊理论由 Louis. A. Panek 提出，该理论认为锚杆支护的作用是将顶板下部不稳定的岩层悬吊在上部稳定的岩层中。悬吊理论是最早的锚杆支护理论，它具有直观、易懂及使用方便等特点，特别是在顶板上部有稳定岩层，而其下部存在松散、破碎岩层的条件下，这种支护理论应用比较广泛。在比较软弱的围岩中，巷道开掘后应力重新分布，出现松动破碎区，在其上部形成自然平衡拱，锚杆支护的作用是将下部松动破碎的岩层悬吊在自然平衡拱上。但是，悬吊理论存在以下明显缺陷：①锚杆受力只有当松散岩层或不稳定岩块完全与稳定岩层脱离的情况下才等于破碎岩层的重量，而这种条件在井下巷道中并不多见。②锚杆安设后，由于岩层变形和离层，会使锚杆受力很大，而远非破碎岩层重量。③当锚杆穿过破碎岩层时，锚杆提供的径向和切向约束会不同程度地改善破碎岩层的整体强度，使其具有一定的承载能力。而悬吊理论没有考虑围岩的自承能力。④当围岩松软，巷道宽度较大时，锚杆很难锚固到上部稳定的岩层或自然平衡拱上。悬吊理论无法解释在这种条件下锚杆支护仍然有效的原因。总之，悬吊理论仅考虑了锚杆的被动抗拉作用，没有涉及其抗剪能力及对破碎岩层整体强度的改变。因此，理论计算的锚杆载荷与实际出入比较大。

20. 组合梁理论

组合梁理论由 Jacobio 等基于层状地层提出。该理论认为对于端部锚固锚杆，其提供的轴向力将对岩层离层产生约束，并且增大了各岩层间的摩擦力，与锚杆杆体提供的抗剪力一同阻止岩层间产生相对滑动；对于全长锚固锚杆，锚杆和锚固剂共同作用，明显改善锚杆受力状况，增加了控制顶板离层和水平错动的能力，支护效果优于端部锚固锚杆。从岩层受力角度考虑，通过在岩体内施加锚杆，可以将多层薄岩层组合成类似铆钉加固的组合梁。因此，锚杆锚固范围内岩层被视为组合梁，并认为组合梁作用的实质就是通过锚杆的预拉应力将锚固区内岩层挤紧，增大岩层之间的摩擦力。同时，锚杆本身也具有一定的抗剪能力，可以约束岩层间的错动。

组合梁厚度越大，梁的最大应变值越小。组合梁理论充分考虑了锚杆对离层及滑动的约束作用，但是它存在以下明显缺陷：①组合梁有效组合厚度很难确定。它涉及影响锚杆支护的众多因素，目前还没有一种方法能够比较可靠地估计有效组合厚度。②没有考虑水平应力对组合梁强度、稳定性及锚杆载荷的作用。其实，在水平应力较大的巷道中，水平应力是顶板破坏、失稳的主要原因。③只适用于层状顶板，而且仅考虑了锚杆对离层及滑动的约束作用，没有涉及锚杆对岩体强度、变形模量及应力分布的影响。

21. 组合拱理论

组合拱理论由 T. A. Lang 和 Pende 提出，该理论认为在拱形巷道围岩中安装预应力锚杆时，在锚固区内将形成以杆体两端为端点的圆锥形分布的压应力，只要沿巷道周边安装的锚杆间距足够小，相邻锚杆形成的压应力圆锥体将相互重叠在巷道周围锚固区中部形成一个连续的均匀压缩带（拱），组合拱内的岩石处于径向、切向均受压的三向应力状态，使得岩体强度大大提高，它可以承受破坏区上部破碎岩石的载荷，支撑能力相应增加。锚杆支护的作用是形成较大厚度和较大强度的加固拱，拱的厚度越大，越有利于围岩的稳定。该理论充分考虑了锚杆支护的整体作用，在软岩巷道中应用广泛。

组合拱理论充分考虑了锚杆支护的整体作用，在软岩巷道中得到较为广泛的应用。但是这种理论同样存在一些明显的缺陷：①只是将各锚杆的支护作用简单相加，得出支护系统的整体承载结构，缺乏对锚固岩体力学特性及影响因素的深入研究。②加固拱厚度涉及的影响因素很多，很难较准确地估计。

22. 最大水平应力理论

最大水平应力理论由 W. J. Gale 提出，该理论认为矿井岩层的水平应力通常大于垂直应力且具有明显的方向性，最大水平应力一般为最小水平应力的 1.5~2.5 倍，巷道围岩变形与稳定性主要受水平应力的影响。当巷道轴线与最大水平主应力平行，巷道受水平应力的影响最小，有利于顶底板稳定；当巷道轴线与最大水平应力呈一定夹角相交，巷道一侧会出现水平应力集中，顶底板的变形与破坏会偏向巷道的某一帮；当巷道轴线与最大水平主应力垂直，巷道受水平应力的影响最大，顶底板稳定性最差。

在最大水平应力作用下，顶底板岩层会发生剪切破坏，出现松动与错动，导致岩层膨胀、变形。锚杆的作用是抑制岩层沿锚杆轴向的膨胀和垂直于轴向的剪切错动，因此，要求锚杆强度大、刚度大、抗剪能力强，才能起到上述两方面的约束作用。

1.3 深部巷道支护技术研究现状

广义上的支护技术包含了对围岩进行加固以及提供支护荷载的技术。目前应用的巷道支护技术和措施主要包括锚杆锚索支护、金属支架支护、注浆加固技术以及围岩应力转移技术。

1.3.1 锚杆锚索支护技术

锚杆不仅能对巷道表面起到护表作用，还能对围岩体施加挤压约束作用。锚杆支护有着优越的支护性能、低廉的成本被普遍使用到了各类岩土工程中。英国最早使用锚杆技术对采石场的边坡进行了加固，美国最早将锚杆技术用于煤矿顶板的支护，并从20世纪40年代起在矿山系统推广锚杆支护技术，1950—1960年锚杆型式主要是机械端部锚固锚杆，主要有楔缝式、倒楔式、胀壳式等。1960—1970年，树脂锚杆研制成功，并得到推广应用。1970—1980年，研制出管缝式锚杆、胀管式锚杆等全长锚固锚杆，并在井下得到应用。1980—1990年，锚杆支护型式更加多样化，混合锚固锚杆、钢带式组合锚杆、桁架锚杆以及可拉伸锚杆、锚注锚杆等特种锚杆锚索加固技术得到应用。20世纪90年代以来，高强度树脂锚固锚杆以其优越的锚固效果和简便的施工工艺，逐步取代了其他类型的锚杆，成为锚杆支护的主导型式。锚索加固技术得到大面积推广应用。

澳大利亚、美国等国的煤层地质条件比较简单，埋藏浅，护巷煤柱宽度大，而且大力推广应用锚杆支护，技术比较先进，煤矿巷道锚杆支护所占的比重几乎达到100%。欧洲一些主要产煤国家，如英国、德国等，过去一直主要采用金属支架支护巷道，但随着巷道支护难度加大和支护成本增高，将巷道支护方式转向了锚杆支护，积极开展了锚杆支护的研究、试验与推广应用。

我国煤矿于1956年开始在岩巷中使用锚杆支护，并在岩巷中大力推广应用了以“三小”为代表的锚喷支护技术，至今已有50多年的历史，并且在使用的同时持续改进发展，20世纪60年代在硐室中试验喷混凝土支护技术，70年代开始试验锚网喷联合支护技术。随着原煤炭工业部对锚喷技术的推广，锚杆支护已经成为我国矿山巷道的主要支护手段，锚杆支护技术也获得了前所未有的快速发展，锚杆支护技术经历了从低强度、高强度到高预应力、强力支护的发展过程。

近年来，为了解决深部高地应力巷道、特大断面巷道、受强烈采动影响巷道、沿空留巷等复杂困难条件下的支护难题，我国又开发出高预应力、强力锚杆与锚索支护技术。不仅有效控制了巷道围岩变形与破坏，而且实现了高强度、高刚度、高可靠性与低支护密度的“三高一低”的现代锚杆支护设计理念，在保证支护效果的前提下，显著提高了巷道掘进速度与工效。

20 世纪 30 年代，阿尔及利亚的科研人员率先采用锚索支护技术对坝体进行支护加固并获得了较为理想的效果。随着钢材料性能的提升、注浆技术的进步，锚索支护技术不断地改进发展，已普遍运用于工程实践中，为矿山巷道支护控制技术的发展发挥了重要作用。

近年来，英国、美国、澳大利亚等矿山技术先进的国家尤为强调锚索支护技术的应用和研究，为了能在工程地质条件恶劣的情况下改善围岩支护效果，工程实践中更多地使用锚索进行加强支护。在巷道交叉处、地质破碎区、断层构造区和受开采扰动剧烈、较难维护的巷道中，也普遍采用锚索作为补强支护手段。我国对于锚索支护技术的应用始于 20 世纪 60 年代，锚索+喷浆技术已经被广泛应用于我国煤矿巷道的支护控制中。其中，预应力锚索的使用越来越广泛，从一开始仅限于对岩石巷道的加固逐步延伸到煤层巷道的加固支护中，特别是针对深部煤层巷道、围岩破碎或受开采扰动剧烈的巷道、开切眼、巷道交叉点及断层构造区等难支护、需通过增加支护强度来提高支护效果的位置，预应力锚索支护技术能够显著改善围岩力学状态，确保巷道稳定。随着安全、高产、高效的煤矿生产趋势，特别随着综放开采技术的发展，锚杆锚索支护已经成为煤巷中普遍采用的支护技术。由于综放工作面围岩破碎、变形大、采煤巷道断面大等特点，单一的锚杆支护已越来越难以适应围岩的剧烈变形破坏。锚杆与锚索的组合使用在煤巷支护技术中已经被人们所认可。锚索支护作为一种稳定可靠的新式支护加固手段，在围岩稳定性控制中扮演着越来越重要的作用。锚索支护拥有锚固长度大、支护强度高，可靠性好的优点，可将浅部不稳定岩层锚固在深部较稳定岩层中，并且锚索在安装时可施加一定的预应力，从而主动地支护围岩，因而可获得较理想的支护效果，其锚固长度、支护强度、有效性是锚杆支护难以达到的。

1.3.2　金属支架支护技术

由于煤矿井下地质条件的复杂性，巷道支护体承受的载荷大小及分布都不可能一成不变，而是不断变化的，特别是对于一些难以控制的巷道围岩条件，如软岩巷道、深井巷道、受采动影响剧烈的巷道、位于断层或破碎带的巷道，这些巷道的支护控制难度极大，即使加大支护投入也很难获得满意的支护效果。金属支架支护技术凭借优秀的力学特性、合理的几何属性等特点，在围岩维护困难的工程实践中应用非常普遍。德国率先发明了 U 型钢可缩性支架支护技术并将其应用到了工程实践中，20 世纪 30 年代成功研制了 TH-32 异型钢，20 世纪 70 年代又先后改进并研制成功了 TH-48 同型钢、TH-58 同型钢、TH-58U 型钢，由最初的刚性不可伸缩金属支架逐步演变改进为适用范围更广、支护荷载更大、支护效果更优的可缩性金属支架，因其较优的可靠性已经在世界主要采煤国家的巷道维护中占据重要位置。欧洲产煤国家诸如英国、德国、法国等将金属支架作为矿山巷道硐室的主要支护手段一直应用到20世纪80年代，根据巷道围岩的性质选择不同型号的金属支架。当前海外主要产煤国巷道硐室金属支架支护技术的发展特点主要有：由木支架发展改进到金属支架，由刚性支架发展改进到可缩性支架；强调壁后充填技术的重要性，改进背板、拉杆等配件质量；由刚性支架发展到适应巷道形状的可缩性支架，同时开始研制适用于非对称巷道的可缩性金属支架。

尽管金属支架支护技术在我国煤矿巷道的应用相对较晚，但也取得了很大的发展：金属支架材料以矿用工字钢和U型钢为主，并已形成适合各种不同需求的相应系列；发展了力学性能较好、稳定性较高、应用方便的连接件；发展并改进了适用于不同地质条件的新型可缩性金属支架；提出了由巷道断面决定支架选型的方法；改进了支架本身力学性能，更加注重现场实际使用效果；随着可缩性金属支架广泛应用于现场工程实践，支架的成形、整形以及架设机械化、标准化都得到了长足发展。

U型钢拱形可缩性支架结构比较简单，承载能力大，可缩性较好，因而U型钢可缩性支架是使用最广泛的一种。可缩性金属支架用U型钢制成，我国可缩性金属支架所用的U型钢有U18、U25、U29、U36四种。

多铰摩擦可缩U型钢支架将多铰支架和U型钢支架合成一体，兼有两者的优点，因而称之为多铰摩擦可缩支架。支架由3~5节构件组成，小断面用3节，大断面用4节，封闭式支架用5节。

U型钢环形可缩性支架又称封闭形可缩性支架，支架各节连接后形成一个封闭的环形，因此而得名。封闭形支架与拱形、梯形支架的不同之处在于其底部是封闭的，因此带来两个突出的优点：由于支架本身是一个闭合体，其承载能力较拱形、梯形支架有较大提高，支架变形损坏小；由于支架底部封闭，对巷道底鼓有良好的控制作用，对巷道两帮也有较强的控制能力。环形可缩性支架的主要架型有马蹄形、圆形、方（长）环形等。环形可缩性支架结构复杂、钢材消耗多、成本高，通常只在围岩松软、底鼓严重、两帮移近量很大的巷道才使用这种支架。

梯形可缩性金属支架一般采用矿用工字钢制成（也有用U型钢制成的）。矿用工字钢梯形可缩性支架是根据我国国情而发展起来的适用于采准巷道、软岩巷道和其他复杂条件巷道的一种新型支架。矿用工字钢梯形可缩性支架与U型钢可缩性支架相比，结构简单、装卸容易、造价较低，平均节约钢材和支护成本均在30%以上，经济效益显著。梯形可缩性支架比拱形可缩性支架的承载能力小，但它不破坏顶板，能保持顶板的完整性，且断面利用率高。故在一定条件下梯形可缩性金属支架也有较广泛的应用范围和发展前途。

随着煤炭开采条件的日益复杂和开采深度的增加，我国的许多矿区都出现了用传统方法难以控制的软岩巷道，对于膨胀性软弱围岩巷道，围岩强度低、自承能力差、巷道变形速度快，而且锚固支护效果较差，普通金属支架支护承载能力较差，难以限制巷道围岩快速变形，巷道支护困难。随着钢管混凝土支架支护技术的逐步成熟，其逐步应用到深井或软岩巷道的支护中，联合其他支护方式共同维持巷道围岩的稳定，为软岩巷道提供了一种新的支护方式。中国矿业大学（北京）的高延法教授近些年开始研究井下高强度钢管混凝土支架支护技术，通过室内试验发现与U型钢支架相比，钢管混凝土支护方法具有独特的优越性，具有支护反力大、性价比高的特点，在巷道支护中，钢管混凝土支架具有很高的承载能力，而且本身具备大变形让压的力学特性，适合在软岩巷道或者深井巷道支护中使用。

1.3.3 注浆加固技术

注浆加固技术就是通过外力将注浆材料灌进松散破碎的巷道围岩中的节理裂隙中，让浆体与松散破碎围岩重新胶结成一个整体承载结构，从而提高固结围岩体的力学参数及性能。其优点在于：改善弱面的力学性能，即提高裂隙的黏聚力和内摩擦角，增大岩体内部块间相对位移的阻力，从而提高围岩的整体稳定性；在破碎松散岩体中巷道实施注浆加固，使破碎岩块重新胶结成整体，形成承载结构，充分发挥围岩的自稳能力，并与巷道支架共同作用，从而减轻支架承受的载荷；改善赋存环境，软岩巷道围岩注浆后，浆液固结体封闭裂隙，阻止水气浸入内部岩体，防止水害和风化，对保持围岩力学性质，实现长期稳定意义重大。

注浆加固技术从发明到现在已经有两百余年的历史，法国工程师首次将注浆技术引入工程实践中，随后英国科研人员基于水泥注浆技术对矿井井筒进行了堵水作业，有效地控制了矿井井筒渗水的难题，在工程应用过程中制造并改进了硅酸盐水泥。从20世纪40年代起，国外科研人员及施工人员越来越重视对注浆技术的发展，使得注浆技术在岩土工程中被快速普及。20世纪50年代，我国在东北及华北等地区的煤矿中首先使用注浆技术进行井筒漏水封堵，随后山东新汶矿区张庄立井采用工作面预注浆取得良好堵水效果。20世纪60年代以后注浆法有了很大发展，在矿井中已将注浆用于灭火、堵水、隔绝瓦斯、破碎岩体的加固及巷道修复的工作中，取得了较为理性的效果。从 20 世纪 80 年代至今，由于现代支护理论的发展和注浆技术的进步，苏联、德国等率先推行以围岩支护控制为目标的注浆技术，同一时期我国也进行了复杂和不良地质条件下的巷道工程注浆加固实践，较为成功地抑制了巷道变形。

由于注浆介质的复杂性和工程的隐蔽性，注浆工程常常依赖于经验，大型注浆工程技术参数只能依赖于反复的现场调试和监测，其中注浆固结体的力学性质、浆液流动时的力学过程以及注浆参数设计等理论问题，尤其缺乏系统完整的研究与论述，已有结论也主要是基于宏观的和感性的认识，缺乏具体的、定量的测试分析，在细观、微观层次上的研究明显不足。这些问题影响到注浆效果和技术经济指标的提高，甚至造成人力物力的浪费。注浆理论研究水平不仅严重滞后于注浆工程实践和注浆材料的发展要求，而且严重滞后于一般工程技术研究的发展水平。从注浆应用历史看，在相当长一段时间内，注浆多用于岩土工程的堵水、防渗与加固，主要是一门与地下水害做斗争的工程技术。而煤矿巷道围岩注浆加固技术目前仅作为一项特殊的手段，用于以下两种情况：

（1）为提高掘进头及掘进工作面前方煤和岩体稳定性，短期加固煤岩体，便于安全掘进和支护，从时间上可分为预注浆和随开挖及时注浆。由于巷道开挖工程扰动和初期剧烈变形，注浆加固区很快出现严重破坏，对长期维护的作用不大。

（2）为提高已掘完和被支护巷道松动岩体稳定性，对破坏岩体进行滞后注浆加固，注浆加固体参与围岩稳定过程，并成为围岩承载结构的一部分，达到长期稳定巷道围岩，限制围岩变形的支护目的。

第一种情况主要用于原始工程地质条件恶劣时，注浆的目的是为施工创造条件，防止冒落和渗水；第二种情况为滞后注浆方式，目的是控制围岩变形。从控制巷道围岩变形的实际效果出发，在巷道掘进后周围形成破坏区时，应用注浆加固作为维护巷道稳定性的手段最有效，这类注浆主要为滞后加固注浆，是在巷道开挖后的围岩变形过程中实施的，参与巷道变形与稳定过程，以控制围岩变形为目的。

1.3.4 围岩应力转移技术

围岩应力、围岩性质、支护技术是影响巷道围岩稳定性的三大因素。长期以来，国内外采矿科学工作者在围岩性质和支护技术方面做了大量的工作，使巷道围岩控制效果不断得到改善。但对于高应力巷道，单纯从围岩性质和支护技术方面有效控制巷道围岩变形相当困难。国内外从控制围岩应力角度出发所进行的研究工作也取得了一定的成果，主要的技术途径是：其一，将巷道布置在开采后形成的低应力区域；其二，人为地采取卸压措施，将巷道附近的高应力转移到围岩深部以保护巷道稳定。采用的技术包括巷内卸压、巷外卸压和跨采卸压等。这些研究工作从工程实践出发，为应力转移机理和技术的研究奠定了良好的基础。对于高应力巷道来说，降低围岩应力以达到保护巷道的方法是控制巷道围岩变形的根本。巷道围岩应力转移的实质是采用人为的方法降低巷道围岩所处的应力环境或改变围岩的应力分布，使支承压力峰值向围岩深部转移，使巷道围岩浅部处于应力降低区，从而减小巷道围岩破裂范围，提高巷道围岩的稳定性。由于各种原因特别是由于高应力巷道极难维护时，围岩应力转移可以比加强支护和围岩加固获得更好的矿压控制效果。

国内外在应力转移方面所做的工作主要是研究围岩的卸压技术，该技术起源于20世纪60年代的苏联，在俄罗斯、波兰、日本、美国、德国、中国等国家均有不同程度的应用和发展。普遍的认识是：围岩卸压是从降低围岩应力的角度出发，通过一些人为措施，在巷道内部或外部形成若干围岩破坏区域，改变巷道围岩的应力状态，使巷道附近原本较高的围岩应力降低，使巷道处于应力降低区，充分利用和发挥围岩的自承能力，达到保持巷道稳定的目的。

常用的卸压技术概括起来包括以下几种：

（1）巷内卸压。围岩通常会产生较大的膨胀变形，使巷道在加强支护的情况下也难以控制其变形，通过在巷道内对围岩进行打钻孔、松动爆破、切缝、开槽、掘导巷等措施，使巷道壁内围岩一定深度形成弱化区，将围岩浅部的集中应力转移到较深处的同时，又可为巷道围岩的膨胀变形提供一定的变形补偿空间，从而达到控制围岩变形、保持巷道稳定的目的。

（2）巷外卸压。巷外卸压是指在巷道外部通过掘进巷道的方法形成卸压区，使巷道围岩应力重新分布，将巷道周边的集中应力峰值向远离巷道的围岩深部转移，从而在保持巷道周边岩体完整性的前提下使巷道处于应力降低区，改善巷道的受力状况，减小巷道围岩的变形与破坏，达到良好的巷道维护效果。在巷道一侧或两侧掘巷卸压的方式主要应用于煤层中，卸压巷与被保护巷道之间的窄煤柱称为让压煤柱，这种护巷方法也称为让压煤柱护巷法。

（3）跨采卸压。跨采卸压是指利用开采煤层后所引起的围岩应力重新分布的特点，将巷道布置在煤层开采后的采空区下方的应力降低区内，达到有效改善巷道维护状况的一种技术措施。煤层开采以后，在煤层底板中形成一定范围的应力增高区和应力降低区。位于煤层底板的巷道，若处于应力增高区，将承受较大的集中应力而遭到破坏；如处于应力降低区，则易于维护。根据采面不断移动的特点以及巷道系统优化布置的原则，可在巷道上方的煤层工作面进行跨采，使巷道经历一段时间的高应力作用后，长期处于应力降低区内。跨采的效果主要取决于巷道与上方跨采面的相对位置。

实践证明，卸压法是主动降低巷道围岩应力，防止巷道产生强烈变形的一种有效技术措施。与通常采用的增强支护强度的加固法相比，采用卸压法维护巷道可取得较好的技术经济效果，是一种颇有应用前景的先进护卷技术。

2 深部巷道典型破坏模式及影响因素分析

深部资源开采是应对浅部资源日趋枯竭的必要选择，也是今后采矿行业的发展方向。开采深度的增加导致巷道围岩赋存环境劣化，而巷道开挖打破了围岩初始应力平衡，导致围岩应力重新分布，极易造成深部巷道发生失稳破坏，严重影响深部巷道的安全稳定。本章从深部开采的界定入手，阐述深部岩体工程地质环境与力学特征，总结深部巷道围岩破坏的典型模式及围岩变形特征，分析影响深部巷道围岩稳定性的地质因素与人为因素。

2.1 深部开采背景

随着能源需求的持续增加及开采技术与强度的不断提高，位于浅部且开采条件相对简单的矿产资源趋于枯竭。为了满足人类社会对资源的需求，国内外矿产资源的开采都相继进入深部开采状态。伴随着开采深度的加大，一系列工程灾害及安全隐患也日益加剧，如高地应力、高地温、高渗透压、强流变、矿压显现剧烈、巷道突水、巷道维护困难等，对于深部矿产资源的安全有效开采产生了严重威胁。故而，在深部矿产资源开采过程所涉及的岩石力学问题就成为国内外众多学者研究的热点与重点。

由于以上因素，世界各国学者陆续给出了“深部”的概念。对于如何理解“深部”的定义，因为各国赋存矿产资源的地质条件、开采技术与管理水平各不相同，导致不同国家对深部的定义与划分标准存在差异，至今没有一个较为公认且普适性较强的定义。目前对于深部的界定大致可以概括为两个类别，一类是以资源开采的绝对深度来界定；另一类是以不同种类矿产及岩体物理力学属性发生突变的深度作为深部的划分标准。

从绝对深度来界定深部，全球拥有深井开采历史的国家普遍认为，矿井开采的深度超过 600 m 及以上就属于深部矿井的范畴，如苏联部分学者指出，当埋深达到 600~700 m 及以上时巷道围岩变形量明显增大，因此将开采深度达到及超过 600 m 的矿井视为深部矿井。英国、波兰、澳大利亚等国将 750 m 视为深部开采的临界深度，日本和印度则分别将深部定义为600 m和650 m。对于采矿业较先进的国家，如加拿大、南非等国，矿井埋深在800~1000 m时才能归为深部矿井范畴。德国学者将开采深度超过800~1000 m的矿井定义为深井，将开采深度超过1200 m的矿井视为超深井。俄罗斯学者根据矿井埋深将其划分为三类：埋深为300~1000 m的矿井视为中深矿井；埋深为1000~1500 m的矿井为深矿井；埋深大于2500 m的矿井为超深矿井，其中，针对深矿井，俄罗斯部分学者又细分为两种：①埋深为600~1000 m的矿井定义为深矿井，埋深为1000~1500 m的矿井为大深度矿井；②埋深为600~800 m的矿井为第一类矿井，埋深为800~1000 m的矿井为第二类矿井，埋深为1000~1500 m的矿井为第三类矿井。

在国内，部分研究人员按照建井的难易程度将矿井划分为五类：深度小于300 m的矿井为浅井；深度为300~800 m的矿井为中深井；深度为800~1200 m的矿井为深井；深度为1200~1600 m的矿井为超深井；深度超过1600 m的矿井为特深井。目前我国煤炭系统与非煤矿山系统关于深部的定义存在差别，但较为公认的是：煤矿埋深在800~1500 m的为深部矿井，非煤矿山埋深在1000~2000 m的视为深部矿井。根据《中国煤矿开拓系统》中所提到的深部矿井划分标准，将其分为四类：埋深小于400 m的矿井为浅矿井；埋深在400~800 m之间的矿井为中深矿井；埋深在800~1000 m的矿井为深矿井；埋深大于1200 m的矿井为特深矿井。

此外，对于深部的划分，俄罗斯研究人员定义了一个深部公式，该公式考虑了岩体弹性模量、岩体单轴强度、应力集中系数、拉伸与压缩模量以及岩石极限拉伸变形等因素。钱七虎院士基于深部岩体工程响应特点，认为分区破裂化现象控制了深部巷道与硐室开挖、支护的原理与方法，提出了分区破裂化现象是划分深部的重要特征，依据分区破裂化现象定义深部，能得到明确的深部概念。

谢和平院士基于应力特征及煤岩体力学性质等方面因素，定义了亚临界深度H_{scr}、临界深度H_{cr1}和超深部临界深度H_{cr2}三个深度概念，用于表征不同程度的深部开采（表2-1）。

表2-1 各临界深度界定表

深度	各临界深度计算公式	临界深度特征
亚临界深度	$H_{scr}=h\mid\sigma_{eq}=\sigma_s,\ \sigma_2=\sigma_3=\frac{\sigma_1}{5\alpha}$ 其中，σ_{eq}为等效应力；σ_s为屈服强度；α为开采参数，解放层开采、放顶煤开采和无煤柱开采分别取值2、2.5和3	由脆性失稳向塑形破坏转换

表 2-1 (续)

深度	各临界深度计算公式	临界深度特征
临界深度	$H_{cr1}=\max\{h_1, h_2\}=\begin{cases} h_1 \mid \sigma_{hmax}=\sigma_v \text{ 或 } K_1=1 \\ h_2 \mid \sigma_v=\sigma_t^e \text{ 或 } u=u_t^e \end{cases}$ 其中，K_1 为最大水平应力与垂直应力比值；σ_v 为自重应力；σ_t^e 弹性极限；u 为能量密度、u_t^e 为极限弹性能	塑性大变形和高烈度的动力破坏
超深部临界深度	$H_{cr2}=\max\{h_1, h_2\}=\begin{cases} h_1 \mid \sigma_1=\sigma_2=\sigma_3 \text{ 或 } K_1=K_2=1 \\ h_2 \mid \alpha I_1+\sqrt{J_2}-k=0 \end{cases}$ 其中，K_2 为最小水平应力与垂直应力比值；I_1 为应力张量第一不变量；J_2 为偏应力张量第二不变量；α 与 k 为材料常数	岩体已进入全塑性屈服状态，深部岩体将出现大范围塑性流变

何满潮院士指出以工程深度作为评判标准进行深部定义，在实际工程实践应用中往往会表现出较强的限制性。基于深部工程所处的地质及力学环境，构建了适应于深部岩体力学特征的定义及评判指标。何满潮院士给出了“深部”的概念：随着开采深度增加，工程岩体开始出现非线性力学现象的深度及其以下深度区间，把位于该深度区间的工程称为深部工程。基于深部概念，定义了临界深度（第一临界深度 H_{cr1}、第二临界深度 H_{cr2}），并提供了各个地质年代临界深度的范围见表 2-2。

表 2-2　不同地质临界深度界定表

地质年代	第一临界深度	第二临界深度	特　征
新生代	300（260~340）	400（380~420）	第一临界深度以上的岩体处于弹性或近似弹性状态
中生代	400（360~440）	500（450~520）	第一临界深度与第二临界深度之间的软岩工程岩体处于非线性状态，其硬岩工程岩体处于线弹性状态
古生代	600（550~650）	800（750~850）	处于第二临界深度以下的岩体均处于非线性状态

由于深部是一个区间较宽的概念，深部的划分与界定本质上属于力学问题，需综合考虑应力水平与状态、围岩性质和埋深共同确定。国内外专家学者们对深部工程岩体开展相关研究讨论时，均根据自身获得的研究成果给出了更为精确的深部定义，上述给出的定义对于促使深部岩体力学学科与工程实践的发展起到了积极的促进作用。

2.2 深部岩体地质环境与力学特性

2.2.1 深部岩体工程地质环境

伴随矿井采掘深度的持续增大，深部矿井岩体所处地质环境相较于浅部矿井岩体来讲越来越复杂，工程灾害也随之增多且灾害种类也不尽相同。深部复杂的地质环境以及长期的地质历史周期造成了深部岩体特殊的力学属性，如图2-1所示。总体上，对于深部采掘岩体的地质力学赋存环境可以归纳总结为高地应力、高地温、高渗透压、强扰动、强时效，即通常所说的“三高+强扰动+强时效”。

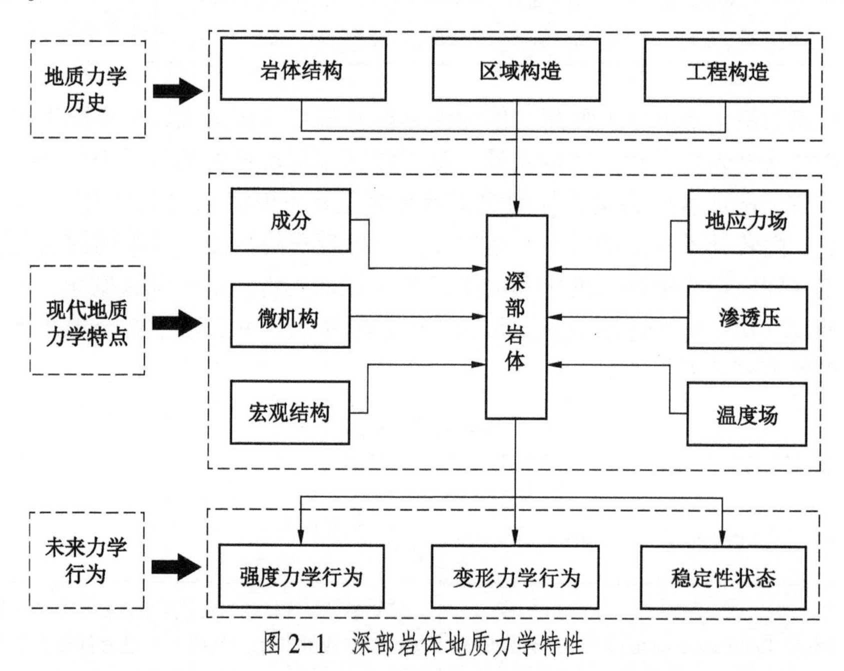

图2-1 深部岩体地质力学特性

相较于浅部岩体，深部岩体特殊的赋存环境主要表现在以下几个方面：

1. 高地应力

地应力就是原岩应力，又被称为岩体初始应力，是在漫长的地质年代中经历了多次地球动力运动形成的，其中主要包括地球自转惯性离心力、地心引力、板块间的挤压碰撞、地热、地幔热对流和地壳非均匀扩容等。除此之外，地形地貌、地表剥蚀、岩层温度分布不均、地下水以及相关地层理化性质变化同样也能够产生相对应的应力场。地应力就是在特定时间和空间内地层中各种应力场的总和，地应力场的主体包含有自重应力场与构造应力场。

根据《工程岩体分级标准》（GB/T 50218—2014）对于出现高地应力的条件描述，以岩体所对应的强度应力比（岩体单轴抗压强度与最大初始应力的比值）作为地应力分级指标，当强度应力比不大于 7 即可判定为高地应力。目前普遍认为，由岩体自重产生的垂直应力随着埋深的增加呈线性或准线性增大，水平应力的波动性较大，规律性较差。从全球范围内的实测资料分析显示，1000 m 以浅的岩体水平应力相较于垂直应力增大了 1.5~5.0 倍，1000 m 以深的岩体水平应力相较于垂直应力增大了 0.5~2.0 倍。此外考虑到地质构造等原因产生的构造应力，自重应力与构造应力的累加造成了深部岩体的高应力状态。根据我国地应力分布情况，采掘进入深部以后，仅仅由岩体自重形成的垂直应力（大于 20 MPa）往往就会大于工程岩体的抗压强度，而水平应力（大于 35 MPa）更是远超过岩体强度。从南非的地应力监测数据分析来看，当埋深为 3500~5000 m 时，地应力集中水平为 95~135 MPa。深埋岩体在高地应力作用下的力学属性也会随之发生改变，因而导致深埋岩体的工程响应越来越复杂。在如此高的地应力水平下开展人为工程作业，所面临的挑战与难题十分巨大。

2. 高地温

对于浅埋岩体来讲，高地温现象表现不突出，温度对其影响较小，因此在浅部矿井采掘时很少考虑地温的作用，但随着采掘深度的持续增加，地温对岩体物理化学性质的影响也随之加大。依据大量实测数据表明，从整体上看，埋深越大的岩体所受地温就越大，用来表征地温分布不均匀的参数通常采用地温梯度。地区不同地温梯度值也会随之发生变化，通常情况下，绝大部分地区的地温梯度为 3~5℃/100 m，在火山活动区、岩体热导率较高区域以及断层与褶皱等地质构造附近地温梯度会更高，其值可达 20℃/100 m。在世界范围内，德国的伊本比伦煤矿埋深为 1530 m，井下岩体温度为 60℃；南非的斯太总统金矿采掘深度在 3000 m 以上，其岩体温度在 63℃以上；日本的丰羽铅锌矿埋深为 500 m 左右，测得围岩温度为 80℃。除此之外，巴西、印度、俄罗斯等国的矿井同样存在着高地温的影响。我国淮南矿区受高地温影响严重，实测数据显示埋深在 1000 m 时，平均地温为 42℃左右，埋深为 2000 m 时，平均地温维持在 70℃左右，其中个别矿井地温甚至超过了 80℃。根据相关研究，岩体中温度每改变 1℃就能导致 0.4~0.5 MPa 的地应力差值。当温度发生改变后，将会导致深埋岩体发生热胀冷缩现象，间接地在岩体内产生应力变化，进而影响地应力的赋存情况。

温度发生改变后能够从微观方面与宏观方面影响岩石的物理力学特性。微观方面，由于岩石内含有多种矿物颗粒成分，温度的变化会导致部分矿物颗粒发生分解或者重组，从而在宏观上表现出不同的性质。因岩石本身就是多种矿物颗粒的集合体，因此岩体内部会包含数量各异的天然孔隙与裂隙，温度的改变会因为热膨胀系数的差别导致矿物颗粒的体积变化不协调，造成新裂隙的产生。宏观方面，由于岩体在微观上已经发生改变，在宏观上的显现通常为延性增大，强度降低，弹性模量减小，峰值应变升高，屈服点下降等。可见地温的变化会导致深部岩体力学性质出现比较明显的变化。

3. 高渗透压

随着采掘深度的逐步增大，在地应力与地温增加的同时也会出现渗透压的增大。由于岩体本身存在天然裂隙与孔隙，因此岩体中所含的天然水与气体是渗透压产生的主要因素，其中主体部分由天然水产生。根据实测数据，当采掘深度达到 1000 m 以上时，深部岩体所承受的岩溶水压能够达到 7 MPa 以上。首先，岩溶水的存在使得岩体原有的力学属性发生改变，进而影响地应力；其次，由于裂隙、孔隙能够影响岩体的渗流特性，渗流特性的变化反向影响地应力，造成二者之间存在耦合关系；最后，深部范围内，矿井采掘空间内的部分岩体达到塑性状态，其内部孔隙、裂隙中的气体因压缩导致压力增加，易造成瓦斯突出等事故的发生。总之，高渗透压的存在导致矿井灾害问题加剧，影响矿井的安全生产。

4. 强扰动

强扰动主要是指强烈的采掘扰动。处于原始地应力状态下的深部岩体经过矿山采掘活动后必然会引起开采扰动，导致受扰动后的岩体力学状态发生改变。深部岩体在高地应力环境下，不论是采用钻爆法还是机械切削抑或是水力压裂等方法对煤岩体进行移除或者切割产生裂隙网络，通过施加外部荷载的方式达到采掘目的均会在围岩体中产生一个扰动范围。由于采掘活动通常会在深部围岩中产生数倍甚至数十倍于地应力的支承压力，从而造成岩体在深部发生较大的物理力学性质改变，往往在浅部表现为弹性阶段的岩体，进入深部后有可能表现为塑性状态，进而造成深部围岩体发生持续时间较长的大变形，导致巷道或硐室围岩压力大，难支护的现象发生。

5. 强时效

通常深部岩体所经受的强时效是指针对深部特有的应力环境，岩体拥有的与人为工程扰动（开采、掘进、支护等）无关且显著的流变特性。深部岩体的时效性是指随着时间的推移，岩体的理化性质与变形随之产生相应的改变。

2.2.2 深部岩体力学特性

相较于浅部岩体，深部岩体特有的地质环境与复杂的应力场导致了深部岩体产生了与浅部岩体相迥异的物理力学性质，同时岩体理化性质的差异性也反映了深部环境的复杂性。深部岩体所表现出的力学性质差异，归根结底是由于“三高+强扰动+强时效”的深部环境导致的，如图 2-2 所示。

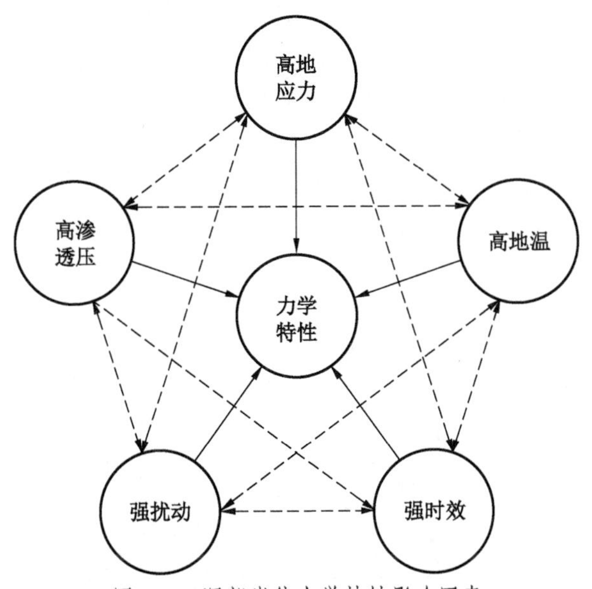

图 2-2 深部岩体力学特性影响因素

长久以来，众多现场工程实例与研究表明，深部岩体的变形特点与浅部岩体相比，出现了一些特殊的非线性力学行为特征，具体表现在以下几方面：

1. 深部岩体的脆性-延性转换特性

深部岩体脆性与延性之间的转换大多体现在岩石峰后的力学性质上。随着采掘深度的增大，岩体周围所受地应力随之升高，在单轴加载条件下或者低围压条件下以脆性破裂为主的岩石伴随着围压的升高存在转换为延性破坏的可能性。岩石的单、三轴力学实验表明，在不同的围压条件下，岩石峰后力学特性存在明显差异，岩石破坏时会表现出不同的应变值。在单轴加载作用或者低围压作用下，岩石主要表现为以脆性破坏为主，通常不存在或者只存在少量塑性变形或者永久应变；而伴随着围压的逐步增加或者深部高围压作用下，岩石的整体强度会有所增加，但其破坏形式将会逐步向延性破坏转换，此时塑性变形或者永久应变相比于浅部岩体就会大幅增大。国内外学者针对多种岩石脆性向延性转换的特性，在不同围压加载条件下进行了大量试验研究，证明了随着围压的升高，岩体的峰值强度会随之变大，且低围压下以脆性破坏为主的岩体能够在高围压下转换为延性破坏的特征，如图 2-3 所示。

2. 深部岩体的强流变特性

深部岩体在高地压、高地温等地质环境下存在明显的时间效应，具有显著的流变特性。岩石的流变性质除了与岩体性质有关外，还受温度及主应力差（σ_1-σ_3）的影响。岩体强流变特征与岩体大变形是深部岩体独有的特性，本质上就是岩体强度随时间变化的削弱过程，同时也导致了深部巷道围岩较难控制，在深部岩体中进行采掘活动往往会造成巷道或者硐室围岩变形量大、持续时间久，在软岩或者松散岩体中流变特性表现得越加明显。通常以为，坚硬岩体无法出现明显的流变现象，但是有学者通过对南非金矿深部硬岩的研究发现，即便是坚硬岩体，其流变特性依旧十分显著，围岩控制困难，围岩的变形速度最高可接近 500 mm/m。

研究发现，深部岩体存在两种差别较大的变形形式。一种是岩体呈现出强流变特性，采掘空间完成后，巷道或硐室围岩变形时间久，变形速度快，变形

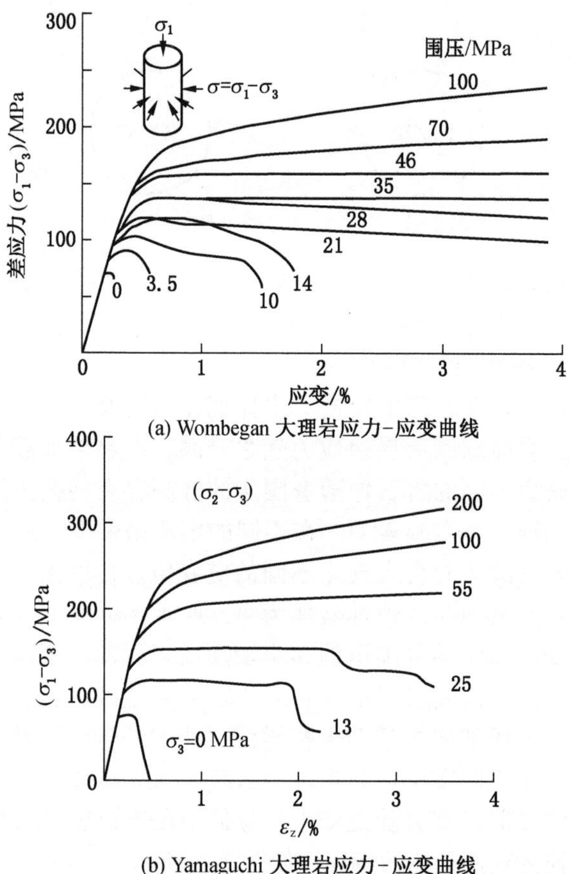

(a) Wombegan 大理岩应力-应变曲线

(b) Yamaguchi 大理岩应力-应变曲线

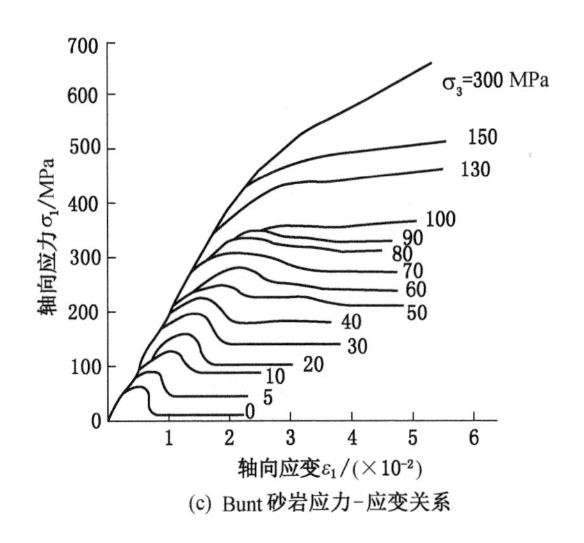

(c) Bunt 砂岩应力-应变关系

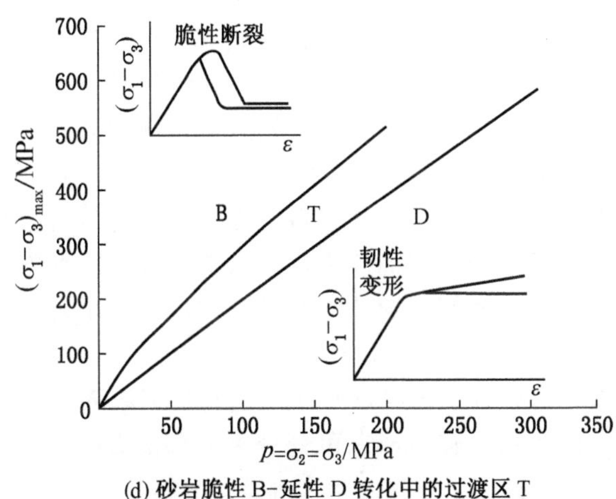

(d) 砂岩脆性 B-延性 D 转化中的过渡区 T

图 2-3 深部岩体脆性-延性转换特性

量大。据统计，在某些煤矿巷道中能够产生持续多年的巷道底鼓现象，底鼓总量高达数十米，严重影响巷道的安全使用。另一种是深部岩体变形不明显，变形量较小，但此时的岩体已经处于破裂或者准破碎状态。由岩石的全应力-应变曲线知，此时的岩体处于残余承载阶段，该阶段下的岩体理论上已经丧失了承载能力，然而在工程应用中发现，此时的深部岩体仍然存在一定的承载能力与二次稳定能力。煤矿中经常用到的沿空留巷与沿空掘巷等无煤柱开采方式就是对深部破碎岩体二次稳定特性的工程应用。

3. 深部岩体扰动响应的突发性

在高地应力作用下深部岩体产生变形的同时也会积聚部分能量，处于深部原岩应力的岩体经历漫长的地质构造运动后会达到一定的初始平衡状态。一旦遭受诸如开挖硐室、巷道，开采资源等地质与工程扰动后，初始平衡状态被打破，岩体逐渐趋于运动状态，深部岩体内蓄积的能量短时间内超过岩体发生破坏所需耗费的能量，则集聚的能量在遭受外界扰动后会忽然释放，导致深部岩体整体失稳，发生岩爆、冲击地压等工程灾害。故而，在深部岩体的扰动响应过程中会带有突发性及强冲击的破坏属性。

2.3 深部巷道围岩典型破坏类型及变形特征

深部巷道在高地应力等地质环境下并且围岩中包含了各种节理、裂隙、层理等结构面，若巷道在开挖后未得到有效的维护，则会发生围岩变形，变形到一定范围就会造成巷道失稳破坏。鉴于导致巷道失稳破坏的因素各不相同，下面根据巷道围岩的变形破坏形态及破坏原因进行分类描述。

2.3.1 深部巷道围岩典型破坏类型

巷道开掘以前围岩处在三向应力的初始应力平衡状态，巷道开掘以后产生自由面，破坏了初始围岩应力平衡，造成巷道围岩应力重新分布，如图 2-4 所示。远离巷道的围岩受影响较小，处于多向受力的稳定状态，越邻近巷道受影响越大，此时围岩处于（准）双向应力甚至近似单向受力状态。因此在巷道径向就会形成一定的应力梯度场，导致沿巷道径向的岩石破碎程度存在差异，造成围岩发生梯度破坏。

围岩应力重新分布导致应力梯度显现，当超过岩石破坏强度后就会造成围岩变形失稳破坏。按照围岩破坏形态可划分为局部落石破坏、拉断破坏、剪切破坏、岩爆、潮解膨胀破坏、分区破裂化等。

1. 局部落石破坏

通常情况下，不论是在坚硬围岩中抑或是在较稳定的巷道中均会发生不同程度的局部岩石或者局部块体掉落。局部落石破坏主要由围岩构造（围岩结构面与巷道自由面的不当组合、节理裂隙发育的岩体等）、施工因素（人工作业过程中的爆破松动、人为造成的巷道断面不规则等）与地质因素（存在地质构造带、不连续面的风化等）造成。这种破坏发生的主要部位是巷道顶板其次是两帮位置，破坏形式表现为岩块沿弱面被拉断或者发生滑移，如图 2-5 所示。局部落石破坏主要是由围岩自重导致的，其次是围岩应力，并且围岩应力在某种程度上对于抑制岩块掉落起着积极作用。

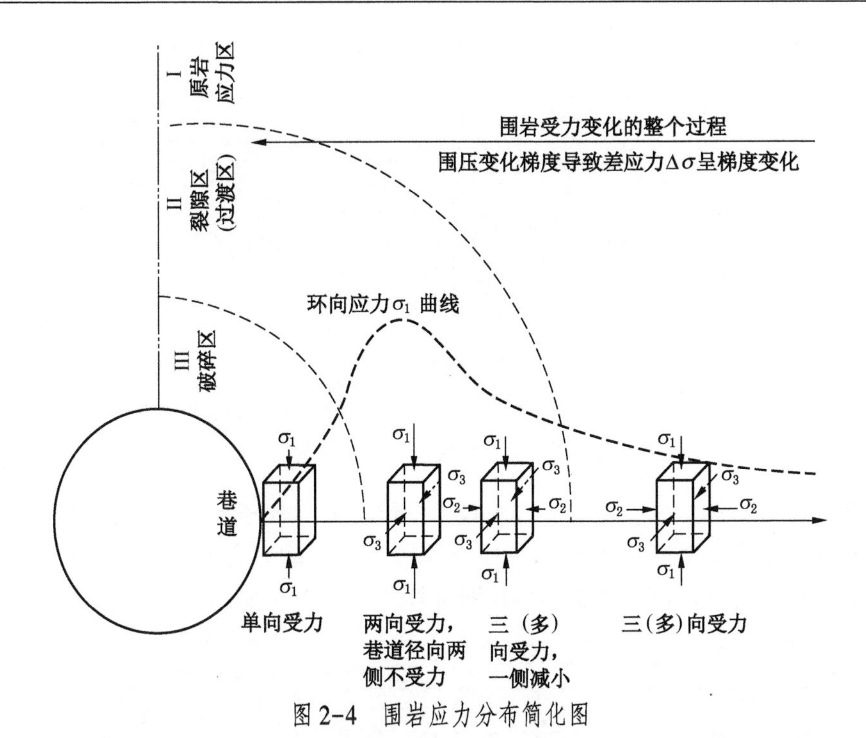

图 2-4 围岩应力分布简化图

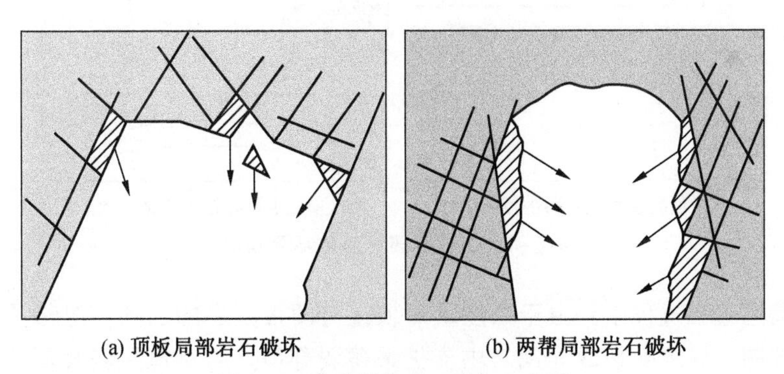

(a) 顶板局部岩石破坏 (b) 两帮局部岩石破坏

图 2-5 巷道局部落石破坏示意图

2. 拉断破坏

拉断破坏是由于巷道围岩所受拉应力大于岩体抗拉强度后发生的破坏。拉断破坏按照破坏区域可分为顶板拉断、两帮拉断、底板拉断三种形式。

顶板拉断破坏易发生在顶板平缓的巷道且岩体抗拉强度较低的情况下。当垂直地应力较大时（侧压系数 $\lambda < 1$），巷道顶板围岩易出现拉应力，当拉应力大于岩体抗拉强度后，从自由面往围岩深处会产生拉伸破坏且在顶板岩体自身

重力作用下发生冒落，表现为顶板弯曲下沉甚至冒顶塌落，如图 2-6 所示。

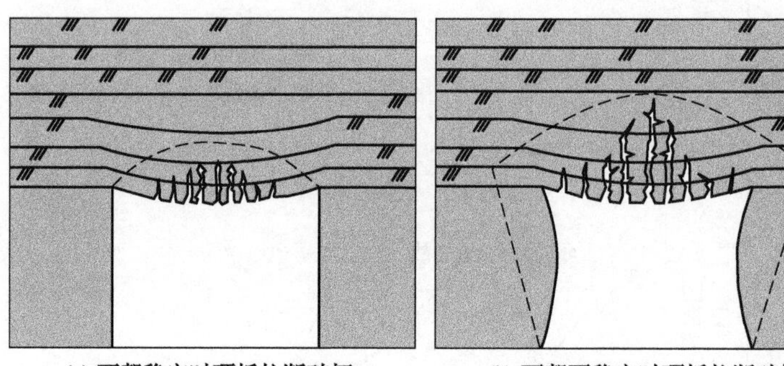

(a) 两帮稳定时顶板拉断破坏　　(b) 两帮不稳定时顶板拉断破坏

图 2-6　巷道顶板拉断破坏示意图

两帮拉断破坏易发生在水平应力较大的情况下（侧压系数 $\lambda>1$）或者帮部围岩存在较发育的节理裂隙在垂直应力作用下产生垂直方向的拉伸破坏，通常会出现两帮挤进甚至倾向巷道内的拉断破坏，如图 2-7 所示。

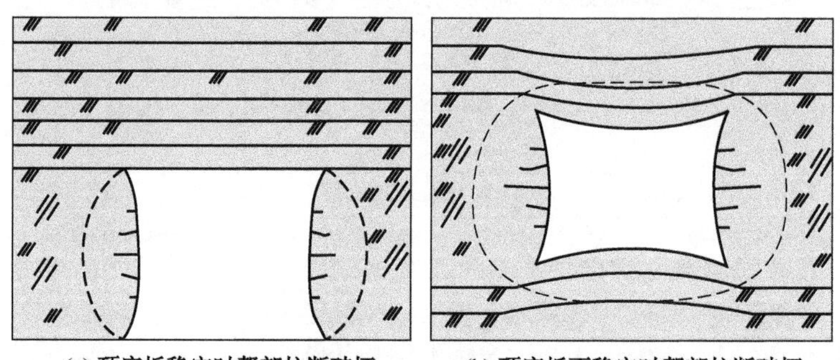

(a) 顶底板稳定时帮部拉断破坏　　(b) 顶底板不稳定时帮部拉断破坏

图 2-7　巷道帮部拉断破坏示意图

在巷道施工过程中，由于只注重对顶板与两帮围岩的加固，忽略了对底板变形的控制，导致底板成为围岩中支护最薄弱部位。当巷道两侧及顶部围岩变形时致使底板产生反向受力，极易造成底板拉断破坏，这也是巷道底鼓产生的重要原因，如图 2-8 所示。

3. 剪切破坏

巷道开掘后围岩应力重新分布，当剪应力超过岩体抗剪强度后就会造成剪切破坏。与巷道围岩拉断破坏相似，剪切破坏也可分为顶板剪切、两帮剪切、底板剪切三种形式。

巷道顶板为节理裂隙较为发育的软弱岩体时，较高的环向应力通常会超过

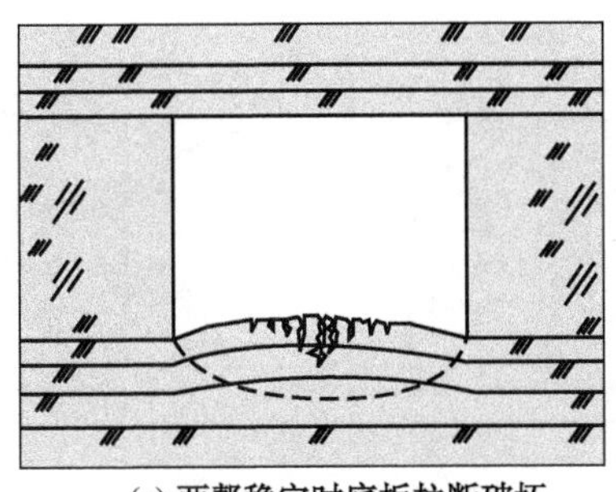

(a) 两帮稳定时底板拉断破坏

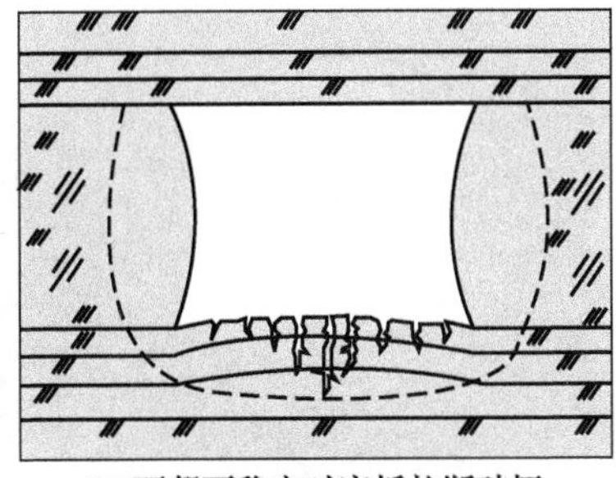

(b) 两帮不稳定时底板拉断破坏

图 2-8 巷道底板拉断破坏示意图

岩体的抗剪强度，从而沿着弱面产生剪切滑动，待节理贯通后形成塑性剪切破坏区，如图 2-9a 所示。顶板为相对完整的岩体时，在高应力作用下顶板及角部岩体易发生塑性剪切破坏，如图 2-9b 所示。

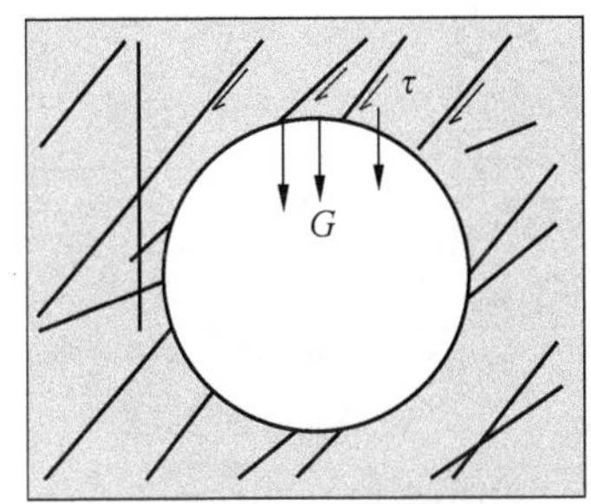

(a) 有节理顶板岩体剪切破坏

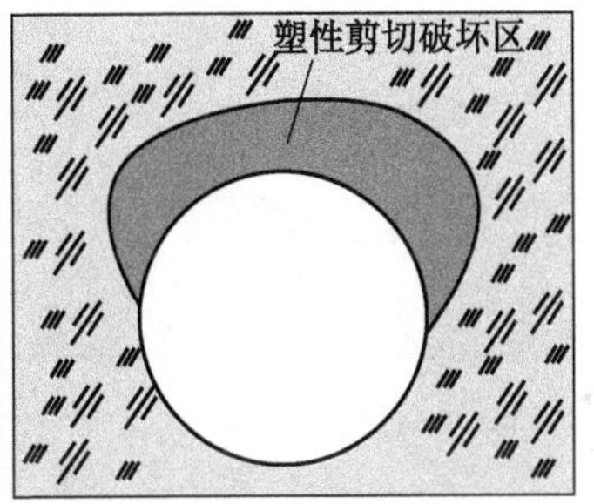

(b) 无节理顶板岩体剪切破坏

图 2-9 巷道顶板剪切破坏

两帮岩体无节理或者节理较少时，在垂直应力与水平应力的共同作用下，促使两帮围岩出现一系列与帮部成某一夹角的剪切破裂，破坏继续发展即会演变成两帮岩体向巷道内塌落造成片帮，如图 2-10a 所示。两帮岩体强度较低时，在围岩应力作用下两帮岩体会发生沿弱面的塑性剪切破坏，导致两帮围岩挤进，围岩断面变小，影响巷道正常使用，如图 2-10b 所示。

底板岩体在受到较高水平应力影响后易发生剪切破坏，若底板岩体为裂隙较多的软弱岩体，在围岩应力作用下岩体会发生剪切滑动，从而形成塑性剪切破坏区，如图 2-11a 所示。若底板岩体为相对完整的坚硬岩体，则在水平应力作用下会沿着弱面发生错动，导致底板向巷道内鼓出，如图 2-11b 所示。

4. 岩爆

岩爆指在一定条件下煤岩体中累积的弹性应变能瞬间猛烈释放时的脆性破

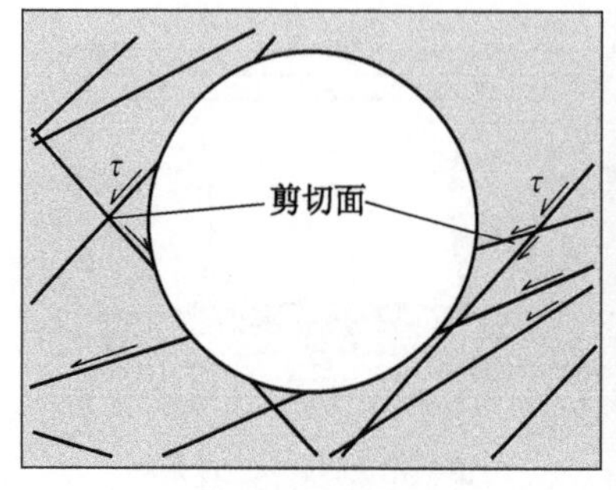

(a) 坚硬岩体两帮塌落

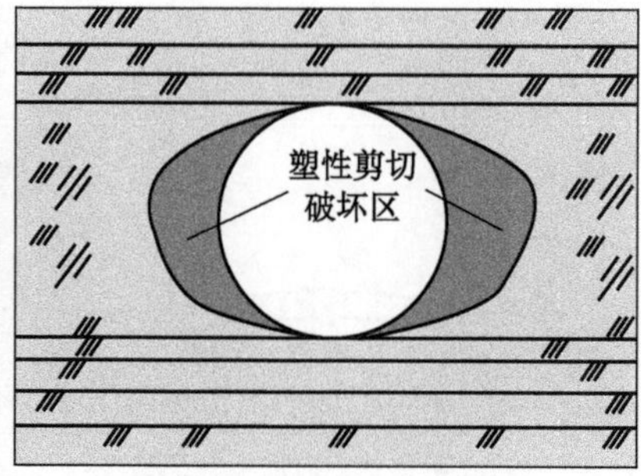

(b) 软弱岩体两帮塑性剪切破坏

图 2-10 巷道帮部剪切破坏

(a) 底板塑性剪切破坏

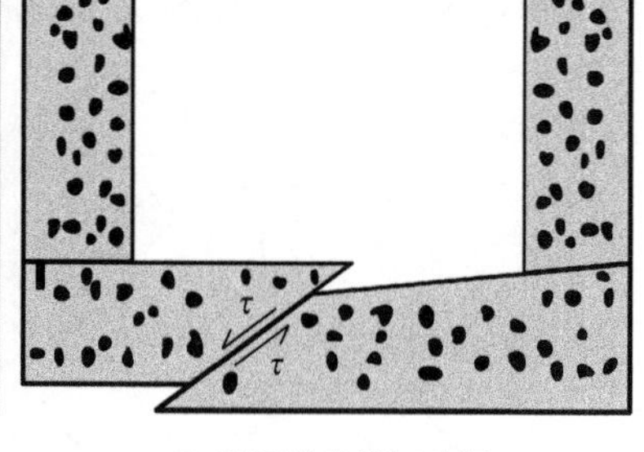

(b) 底板错动剪切破坏

图 2-11 巷道底板剪切破坏

坏，也称为冲击地压。通常情况下，岩爆产生的内部条件为较高围岩应力作用下岩体中积聚了较高的应变能，同时围岩强度小于此时所受应力；一旦存在某种外部扰动（如开挖巷道、工作面推进、爆破震动等）破坏了围岩的相对平衡状态，就极易造成岩爆的发生。岩爆易导致岩石崩落，并伴随巨大声响及气浪冲击，不仅影响矿山的正常运行及工人的人身安全，而且冲击波也会危及地面建筑物。

5. 潮解膨胀破坏

潮解膨胀破坏主要是由于岩体遇水后出现的软化崩解或者膨胀现象。这种破坏现象通常出现在含有大量页岩、黏土岩、泥岩、硬石膏等岩石类型的巷道中，与水作用后体积可较初始体积膨胀几倍甚至数十倍。潮解膨胀破坏的岩体一般存在流变性，极易导致围岩风化崩解或者软化，导致岩体强度劣化，进而造成巷道变形失稳。

6. 分区破裂化现象

分区破裂化现象的含义是在深部岩体中开掘硐室或者巷道时，在其附近的围岩中，会产生交替存在的破裂区与非破裂区，如图 2-12 所示。需要说明的是，破裂区指的是围岩内裂纹相对集中的区域，非破裂区并非不存在裂纹，而是裂纹相对稀疏的区域。随着埋深的增加，深部岩体呈现出显著的非线性力学行为。

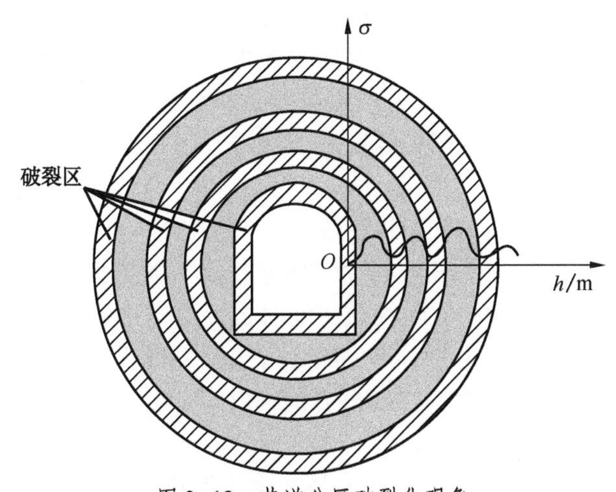

图 2-12　巷道分区破裂化现象

2.3.2　深部巷道围岩变形破坏特征

深部复杂的应力环境导致深部岩体在力学特性上表现出与浅部岩体不同的特征。同样，深部岩体开挖后，初始应力状态被打破导致应力重新分布，在此过程中围岩也会发生与浅部巷道围岩变形破坏不同的特征。概括地说，深部巷道围岩变形破坏具有以下特征：

1. 巷道围岩变形量显著，时效性明显

在深部矿山开挖巷道或硐室，因深部岩体特殊的工程地质环境，巷道或硐室一经开挖打破了初始应力平衡，在应力重新调整的过程中储存在岩体内的能量得以释放，在此过程中围岩发生破坏同时产生较大变形速率，从而造成巷道围岩变形量显著。在持续一段较快变形过程后，围岩变形速率会逐步减缓，在围岩重新达到应力平衡后变形也不会终止，而是会保持在较低的变形速率上持续变形，在整体上表现出流变性质。

2. 巷道底鼓现象严重

由于在巷道围岩控制中通常只对顶板与帮部进行支护，疏忽了对底板的支护控制，导致深部巷道底鼓现象较浅部巷道严重。在深部由于复杂地应力场的存在以及地质构造的作用导致巷道底板在未进行支护加固的情况下容易产生隆起现象。根据现场实测资料，随着矿井采掘深度的不断增大，能够发生底鼓现象的巷道以及巷道底鼓量也存在逐渐增加的趋向。目前底鼓现象已经成为影响深部巷道围岩稳定的一大难题。

3. 冲击地压的频度提高及强度增大

冲击地压的产生与巷道围岩所处的应力环境有直接关系。随着矿井深度的加大，围岩所受应力逐渐增大，同时储存于岩体中的变形能急剧增加。开挖巷道、工作面推进、爆破震动等工程扰动会导致积聚在岩体内的变形能突然释放，相关数据表明，冲击地压的产生频度和强度与巷道埋深呈正相关关系，埋深越大，冲击地压越容易产生。

4. 对应力及环境变化的敏感性增强

在深部地层中，由于“三高+强扰动+强时效”的特性，导致深部围岩表现出了与浅部岩体差别较大的力学性质，同时也导致深部岩体相较于浅部岩体更加脆弱，造成围岩变形破坏的因素也随之增多，工程扰动、地下水的侵蚀、应力及地温的改变等都有可能产生明显的围岩破坏。

5. 围岩破坏范围明显扩大

由岩石的全应力-应变曲线知，岩体承受不同压力，在全应力-应变曲线中就能展示出不同的峰后特征，岩体所受压力越大，岩体产生的破坏就越严重。埋深越大，岩体承受的压力也就越大，地温也随之增加，由此就会产生岩石的脆-延转换，进而出现范围较大的变形破坏。

2.4 深部巷道围岩稳定性影响因素分析

导致巷道围岩发生失稳破坏的原因有很多，一般来说，从整体上分为地质因素与人为因素两大方面：

1. 地质因素

（1）巷道埋深。巷道埋深直接决定了岩体自重应力的大小，当埋深较浅时，围岩因承受较小压力处于弹性阶段，此时围岩能保持稳定且变形较小。随着埋深的加大围岩要承受更大的地应力，当超过岩体的屈服极限后就会发生破坏，围岩出现塑性区，导致围岩失稳且产生较大变形。

（2）岩性。通常来讲，岩性包含矿物成分、成因、胶结物及胶结类型、岩石结构等。岩性是决定围岩发生变形失稳破坏的自身因素。由于矿物成分、成因及构造的不同组合，导致了围岩的物理力学性质表现出极大的差异。基于岩性特征将岩石分成脆性与塑性两大类。脆性岩石主要指岩体强度较高的坚硬岩体，巷道开挖后能承受较大的围岩应力，积聚较高的应变能，变形小；塑性岩石主要指含黏土类、松散破碎类以及吸水容易膨胀的岩石，该类岩石强度一般较低，易风化，变形较大。同时，围岩本身的完整性对巷道的稳定也有较大影响，围岩含有的节理裂隙等不连续面或者弱面很大程度上破坏了围岩的完整性，导致围岩强度降低。

（3）岩层倾角。岩层倾角的变化会导致巷道围岩受力方位及受力大小的改变，宏观上表现为围岩变形特征的差异。通常情况下，当岩层倾角较大时，巷道围岩呈现出非对称破坏，且变形量较大；当岩层倾角较小或近水平岩层时，围岩大致呈现出对称变形，整体变形较为均匀，变形量相对较小。

（4）围岩地应力。围岩地应力一般是上覆岩层压力、采动应力与构造应力的总称，是导致巷道变形失稳破坏的重要因素。巷道围岩均会受到上覆岩层压力的作用，上覆岩层压力的大小与埋深成正比例关系，埋深越深，上覆岩层压力就越大。通常这部分压力是均匀分布的，在无其他因素影响下，巷道围岩最软弱处或者支护最薄弱处首先发生破坏，进而导致整个巷道失稳。采动应力主要是由于采掘活动后应力在围岩内重新调整产生的。采掘活动破坏了初始应力状态，围岩应力重新分布，导致支承压力显著提高，一旦超过围岩强度就会产生剪切或者张拉破坏导致巷道失稳。构造应力是各种地质构造活动（断层、褶皱、陷落柱）产生应力的统称，存在较显著的方向性和地区性。若在构造应力影响范围内进行巷道开挖，易造成围岩压力大、围岩节理裂隙发育、变形明显、巷道支护成本高等难题。

（5）地下水。地下水与岩石产生的理化作用能够影响巷道围岩稳定。通常水的存在会对围岩强度起到弱化作用。当水分进入岩体裂隙后，使渗透压升高，导致支承压力变大；岩石与水作用造成围岩应力状态发生弱化，导致围岩强度及变形模量降低；地下水长期与围岩接触也造成了围岩的溶解和侵蚀效应；同时部分黏土矿物遇水反应会发生泥化及膨胀现象，变形持续时间久，加剧了结构面的发育，围岩完整性进一步降低。

（6）时间效应。服务年限长的巷道，围岩会出现较明显的流变特性。随着时间的推移，巷道围岩变形总量提高，松弛与蠕变现象明显，当变形总量超过围岩变形极限后，围岩随之松动、失稳。

（7）温度。温度的上升使得巷道围岩强度不断减小，同时造成岩体由脆性向塑性状态转变，同时，随着地温增加，加快了水解作用，加剧了围岩弱化。

2. 人为因素

（1）巷道断面形状与尺寸。巷道断面形状与围岩稳定性的关系可以从力学角度来分析，巷道断面尺寸与巷道变形量有密切关系。通常，椭圆形巷道或者圆形巷道的围岩大多数情况下处于受压状态，受力相对其他形状更加均匀，相对来说利于巷道稳定；矩形巷道或者梯形巷道围岩的受力不均匀，极易出现范围较大的受拉区域，往往会发生拉伸破坏，不利于巷道围岩的控制。巷道断面尺寸与变形量呈正比例关系，断面尺寸越大，巷道围岩越不稳定，断面尺寸越小越利于围岩稳定。一般来说，巷道高度的加大不利于两帮的稳定，巷道宽度的扩大不利于顶底板的稳定。

（2）巷道布置形式。巷道布置要考虑围岩应力赋存条件、岩体性质、扰动影响等因素，选择合适的层位，优化断面形状。优先使巷道与最大水平应力平行或者近似平行以减缓巷道围岩破坏。将巷道布置在较坚硬岩层中相对有利于巷道稳定。巷道围岩受到采动作用后导致变形量增加，因此也须避开采动影响区，减少煤柱、构造及采动应力的影响。

（3）施工方式与质量。施工方式的选择能够直接影响巷道围岩的稳定。一般来讲，巷道开挖方式主要有一次成巷方式、分次成巷方式、爆破掘进及掘进机掘进等。一次成巷施工方式相对分次成巷方式，具有支护间隔短、围岩变形量小的优点，掘进机掘进相对爆破掘进，围岩干扰范围小，破坏程度不剧烈。因此需慎重选择施工方式。

在巷道掘进过程中，由于未按设计要求开挖，导致巷道断面不平整等问题，造成支护效果达不到预期，此时巷道不平整部位就会成为破坏潜在点。若在较松软、易风化岩层中开挖巷道，不合理的施工顺序会导致支护失效。施工过程不遵循施工标准及规范，随意更改施工参数易造成支护效果不佳。

（4）支护方式。支护方式的选择直接决定了巷道围岩能否保持稳定。本质上讲，支护方式分为刚性支护与柔性支护，也可分为主动支护与被动支护。如果选择的支护方式与围岩的变形特征不协调，就会导致支护失效以及围岩变形量增大，最终导致巷道失稳。

（5）爆破震动。爆破施工过程中出现的动态扰动势必会造成围岩不连续面的发育，在动荷载的反复冲击下围岩内节理裂隙逐渐连通破坏了围岩的完整性，造成了围岩强度的逐步劣化。当围岩压力大于岩体强度后就会造成巷道失稳直至破坏。因此合理的施工工序，科学的爆破参数对于减少巷道扰动次数，保证巷道的长期稳定具有重要意义。

综上所述，深部巷道的破坏是由地质因素与人为因素共同导致。地质因素是其内因，地质因素导致围岩强度减弱，使其有发生破坏的趋势。人为因素是其外因，造成围岩承受荷载的能力下降，诱发围岩发生破坏。

3 深部典型形状巷道围岩应力分布规律分析

通过对深部巷道典型破坏模式的分析可知，巷道围岩的稳定取决于地质因素与人为因素。除地质因素外，探讨人为因素中不同形状巷道的围岩应力分布规律对分析巷道破坏具有重要意义。因此，本章利用复变函数将不同形状巷道转换为简单形状边界上的应力问题，获得巷道围岩应力分布特征，揭示巷道围岩破坏的力学机制，为分析深部巷道围岩变形破坏提供理论依据。需要说明的是，尽管理论分析对实际问题进行了抽象简化并建立在一定的假设基础上，但理论分析得到的规律性结果对于围岩稳定性分析及巷道支护设计仍具有重要的参考价值。

3.1 平面弹性力学理论基础

3.1.1 平面弹性问题复变函数表示方法

煤矿及其他地下工程常用的巷道断面形状有圆形、矩形、直墙拱形、梯形等。弹性力学中可将其归为平面孔口问题，而原则上复变函数理论能够将 z 平面上的复杂孔口问题映射为 ζ 平面上的简单边界形状（即所谓的“单位圆”）进行求解，如图 3-1 所示。这为巷道的应力分析提供了较为简便的方法。

通常情况下对于常体力的平面弹性问题，当给定了边界条件后，其最终均归为求解一个特定的双调和方程，该方程为四阶微分方程：

$$\nabla^2 \nabla^2 U = \frac{\partial^4 U}{\partial x^4} + 2\frac{\partial^4 U}{\partial x^2 \partial y^2} + \frac{\partial^4 U}{\partial y^4} = 0 \tag{3-1}$$

式中 U——平面问题的应力函数；

∇^2——拉普拉斯算子。

若体力忽略不计，由应力函数 U 可求得由其表示的应力分量：

$$\sigma_x = \frac{\partial^2 U}{\partial y^2},\ \sigma_y = \frac{\partial^2 U}{\partial x^2},\ \tau_{xy} = \tau_{yx} = -\frac{\partial^2 U}{\partial x \partial y} \tag{3-2}$$

式中 σ_x、σ_y、τ_{xy}——直角坐标系下的应力分量。

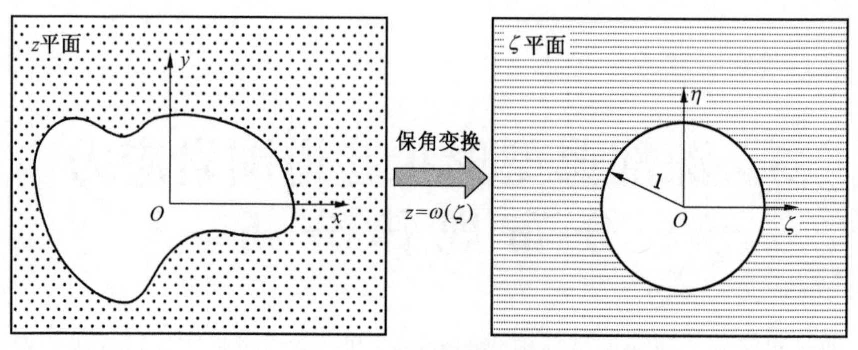

图 3-1　保角变换示意图

由于式（3-1）为偏微分方程，此类问题的解不能直接获得。有了复变函数这种数学工具，可直接求出式（3-1）的通解为：

$$U = \mathrm{Re}[\bar{z}\varphi_1(z) + \theta_1(z)] \tag{3-3}$$

由此可知，常体力情况下，平面弹性问题中的应力函数 U 可转换为与复数 z 有关的解析函数 $\varphi_1(z)$ 和 $\theta_1(z)$ 的组合形式。一旦具体的边界条件给定后就可获得具体形式的 $\varphi_1(z)$ 和 $\theta_1(z)$。

用复变函数方法表示的应力分量为：

$$\left.\begin{aligned} \sigma_x + \sigma_y &= 4\mathrm{Re}[\varphi_1'(z)] \\ \sigma_y - \sigma_x + 2i\tau_{xy} &= 2[\bar{z}\varphi_1''(z) + \theta_1''(z)] \end{aligned}\right\} \tag{3-4}$$

进而得到各应力分量表达式：

$$\left.\begin{aligned} \sigma_x &= 2\mathrm{Re}[\varphi_1'(z)] - \mathrm{Re}[\bar{z}\varphi_1''(z) + \theta_1''(z)] \\ \sigma_y &= 2\mathrm{Re}[\varphi_1'(z)] + \mathrm{Re}[\bar{z}\varphi_1''(z) + \theta_1''(z)] \\ \tau_{xy} &= \tau_{yx} = \mathrm{lm}[\bar{z}\varphi_1''(z) + \theta_1''(z)] \end{aligned}\right\} \tag{3-5}$$

位移分量的表达式：

$$\frac{E}{1+\mu}(u + \mathrm{i}v) = \frac{3-\mu}{1+\mu}\varphi_1(z) - z\overline{\varphi_1'(z)} - \overline{\theta_1'(z)} \tag{3-6}$$

位移边界条件的复变函数表示形式：

$$\frac{E}{1+\mu}(\bar{u} + \mathrm{i}\bar{v}) = \left[\frac{3-\mu}{1+\mu}\varphi_1(z) - z\overline{\varphi_1'(z)} - \overline{\theta_1'(z)}\right]_s \tag{3-7}$$

式中　E——弹性模量；

μ——泊松比；

$\bar{u}$、$\bar{v}$——边界已知的位移分量表达式。

积分得应力边界的复变函数表示形式：

$$\left[\varphi_1(z)+z\overline{\varphi_1'(z)}+\overline{\theta_1'(z)}\right]_s=\mathrm{i}\int_A^B(\overline{f_x}+\mathrm{i}\overline{f_y})\mathrm{d}s+c_A \tag{3-8}$$

式中　$\overline{f_x}$、$\overline{f_y}$——沿着 x 轴与 y 轴的面力分量；

c_A——积分所得的复常数。

由于研究的巷道受力可视为无限域内的单孔口问题。因此在应力有界的无限域中，解析函数 $\varphi_1(z)$ 和 $\theta_1(z)$ 的表达式为

$$\left.\begin{aligned}\varphi_1(z)&=-\frac{1+\mu}{8\pi}(\overline{F_x}+\mathrm{i}\overline{F_y})\ln z+(B+iC)z+\varphi_1^0(z)\\ \theta_1'(z)&=\frac{3-\mu}{8\pi}(\overline{F_x}-\mathrm{i}\overline{F_y})\ln z+(B'+iC')z+\theta_1'^0(z)\end{aligned}\right\} \tag{3-9}$$

式中　$\overline{F_x}$、$\overline{F_y}$——边界上沿着 x 轴与 y 轴的面力合力；

B、C、B'、C'——常实数；

$\varphi_1^0(z)$、$\theta_1'^0(z)$——无限远处的解析函数，其展开形式为：

$$\left.\begin{aligned}\varphi_1^0(z)&=a_0+\frac{a_1}{z}+\frac{a_2}{z^2}+\cdots\\ \theta_1'^0(z)&=b_0+\frac{b_1}{z}+\frac{b_2}{z^2}+\cdots\end{aligned}\right\} \tag{3-10}$$

式中　a_0、a_1、a_2、b_0、b_1、b_2——复常数。

在应力状态不发生改变的前提下，可将 C、a_0、b_0 设为 0，而 B、B'、C'有具体的力学意义，即：

$$B=\frac{\sigma_1+\sigma_3}{4},\ B'+\mathrm{i}C'=-\frac{\sigma_1-\sigma_3}{2}e^{-2\mathrm{i}\delta} \tag{3-11}$$

式中　σ_1、σ_3——无限远处的两个主应力。

3.1.2　复变函数中的保角变换与正交曲线坐标

利用保角变换将 z 平面上所占区域变换为 ζ 平面上的单位圆，则极坐标表示的 ζ 平面上任意一点 ζ：

$$\zeta=\rho(\cos\delta+\mathrm{i}\sin\delta)=\rho e^{\mathrm{i}\delta} \tag{3-12}$$

式中　ρ、δ——ζ 平面上点 ζ 的极坐标。

如图 3-2 所示，ζ 平面中坐标线为圆周 $\rho=\mathrm{const}$ 与径向线 $\delta=\mathrm{const}$，二者与 z 平面的两条曲线一一对应，并且 z 平面上的两条曲线也可以使用圆周 $\rho=\mathrm{const}$ 与径向线 $\theta=\mathrm{const}$ 表示。基于保角变换，两个平面上的曲线均保持正交，并且二者的相对方向也是相同的。

两套坐标系之间存在夹角 κ 的关系，设 z 平面存在矢量 $\vec{A}$，其在 x 轴与 y 轴

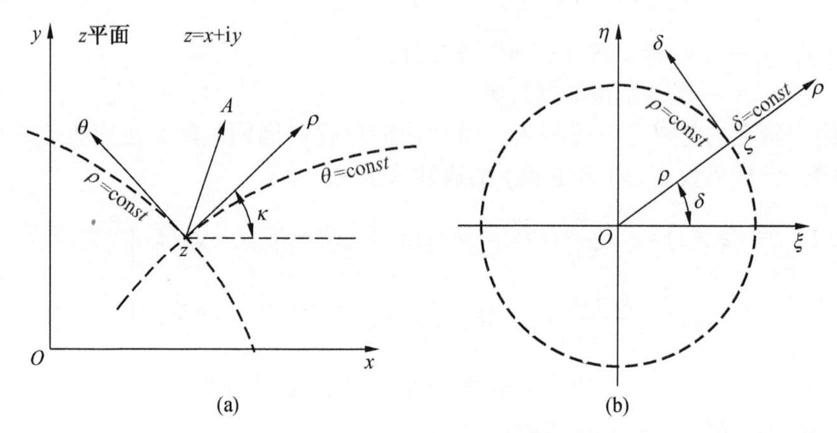

图 3-2　正交坐标与曲线坐标转换示意图

上的投影为 A_x、A_y，在 ρ 轴与 θ 轴上的投影为 A_ρ、A_θ，根据几何关系得：

$$A_\rho + iA_\theta = (A_x + iA_y)e^{-i\kappa} \tag{3-13}$$

$$e^{-i\kappa} = \frac{\overline{\zeta\omega'(\zeta)}}{\rho|\omega'(\zeta)|} \tag{3-14}$$

由此正交曲线坐标系就在 z 平面建立起来，圆周 $\rho = const$ 是讨论区域的边界线，边界条件均在此边界线给出。

在已知映射函数 $z = \omega(\zeta)$ 的前提下，将其代入解析函数 $\varphi_1(z)$ 和 $\theta_1(z)$ 就能够将自变量 z 变换为自变量 ζ，对上文涉及的公式进行变换，得到关于自变量 ζ 的函数。为方便表示，令 $\phi_1(z) = \theta'_1(z)$，并且引入如下记号：

$$\left.\begin{aligned}&\varphi(\zeta) = \varphi_1(z) = \varphi_1[\omega(\zeta)],\ \phi(\zeta) = \phi_1(z) = \phi_1[\omega(\zeta)]\\&\Phi(\zeta) = \varphi'_1(z) = \frac{\varphi'(\zeta)}{\omega'(\zeta)},\ \Psi(\zeta) = \phi'_1(z) = \frac{\phi'(\zeta)}{\omega'(\zeta)}\end{aligned}\right\} \tag{3-15}$$

曲线坐标系下的应力分量表达式为

$$\left.\begin{aligned}&\sigma_\rho + \sigma_\theta = 4\mathrm{Re}[\Phi(\zeta)]\\&\sigma_\theta - \sigma_\rho + 2i\tau_{\rho\theta} = \frac{2\zeta^2}{\rho^2\overline{\omega'(\zeta)}}[\overline{\omega(\zeta)}\Phi'(\zeta) + \omega'(\zeta)\Psi(\zeta)]\end{aligned}\right\} \tag{3-16}$$

令 u_ρ、u_θ 分别表示 z 平面中 ρ 轴与 θ 轴上的位移投影，得曲线坐标下的位移分量表达式：

$$\frac{E}{1+\mu}(u_\rho + iu_\theta) = \frac{\bar{\zeta}\,\overline{\omega'(\zeta)}}{\rho|\omega'(\zeta)|}\left[\frac{3-\mu}{1+\mu}\varphi(\zeta) - \frac{\omega(\zeta)}{\overline{\omega'(\zeta)}}\overline{\varphi'(\zeta)} - \overline{\phi(\zeta)}\right] \tag{3-17}$$

位移分量代入式（3-16）、式（3-17）就是曲线坐标系的位移边界条件表达式。

曲线坐标形式下的应力边界条件改写为：

$$2\sigma_{\rho} - 2i\tau_{\rho\theta} = 4\mathrm{Re}[\Phi(\zeta)] - \frac{2\zeta^2}{\rho^2\overline{\omega'(\zeta)}}[\overline{\omega(\zeta)}\Phi'(\zeta) + \omega'(\zeta)\Psi(\zeta)] \tag{3-18}$$

3.1.3　单连通域柯西积分公式与 Harnack 定理

由一个封闭曲线包围而成的无限域可视作单连通域，如图 3-3 所示，封闭曲线χ将平面划分为两部分，将沿封闭曲线χ逆时针前进时左侧的单位圆域称为$\sum^+$，右侧的无限区域称为$\sum^-$，用σ代表封闭曲线γ上任一点。

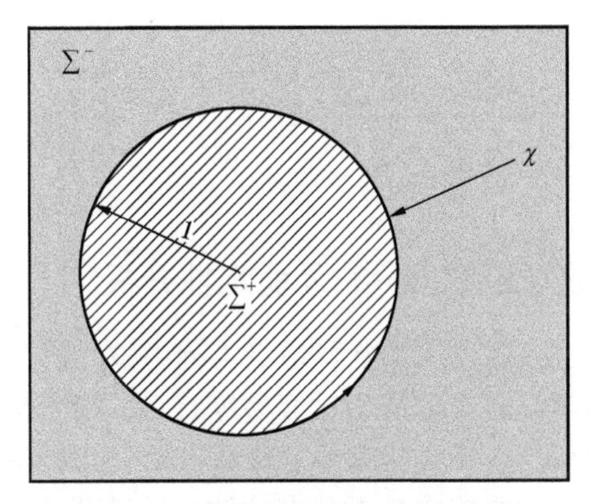

图 3-3　封闭曲线划分平面示意图

$f(\zeta)$为定义域在$\sum^+$内的解析函数，$f_*(\zeta)$为定义域在$\sum^-$内的解析函数，$f(\zeta)$、$f_*(\zeta)$在定义域内均不存在极点。

若$f(\sigma)$表示$\sum^+$上的边界值，则：

$$\left.\begin{aligned}
&\frac{1}{2\pi i}\oint_{\chi}\frac{f(\sigma)}{\sigma-\zeta}d\sigma = f(\zeta) \quad \zeta \in \sum{}^+ \\
&\frac{1}{2\pi i}\oint_{\chi}\frac{f(\sigma)}{\sigma-\zeta}d\sigma = 0 \quad \zeta \in \sum{}^- \\
&\frac{1}{2\pi i}\oint_{\chi}\frac{\overline{f(\sigma)}}{\sigma-\zeta}d\sigma = \overline{f(0)} \quad \zeta \in \sum{}^+
\end{aligned}\right\} \tag{3-19}$$

若$f_*(\sigma)$表示$\sum^-$上的边界值，则：

$$\left.\begin{aligned}&\frac{1}{2\pi i}\oint_{\chi}\frac{f_*(\sigma)}{\sigma-\zeta}d\sigma=-f_*(\zeta)+f_*(\infty) && \zeta\in\Sigma^-\\&\frac{1}{2\pi i}\oint_{\chi}\frac{f_*(\sigma)}{\sigma-\zeta}d\sigma=f_*(\infty) && \zeta\in\Sigma^-\\&\frac{1}{2\pi i}\oint_{\chi}\frac{\overline{f_*(\sigma)}}{\sigma-\zeta}d\sigma=0 && \zeta\in\Sigma^+\end{aligned}\right\}\tag{3-20}$$

应力边界条件可改写为：

$$\varphi(\sigma)+\frac{\omega(\sigma)}{\overline{\omega'(\sigma)}}\overline{\varphi'(\sigma)}+\overline{\phi(\sigma)}=f(\sigma)\tag{3-21}$$

等式两边分别积分：

$$\frac{1}{2\pi i}\oint_{\chi}\frac{\varphi(\sigma)}{\sigma-\zeta}d\sigma+\frac{1}{2\pi i}\oint_{\chi}\frac{\omega(\sigma)}{\overline{\omega'(\sigma)}}\frac{\overline{\varphi'(\sigma)}}{\sigma-\zeta}d\sigma+\frac{1}{2\pi i}\oint_{\chi}\frac{\overline{\phi(\sigma)}}{\sigma-\zeta}d\sigma=\frac{1}{2\pi i}\oint_{\chi}\frac{f(\sigma)}{\sigma-\zeta}d\sigma\tag{3-22}$$

3.2 深部圆形巷道围岩应力分布及稳定性分析

圆形巷道在采矿、人防以及地铁隧道等工程中被广泛采用，因其具有断面形状简单且规则，力学求解与分析相对容易等特点，很多情况下对于断面形状复杂的巷道，都会使用当量半径折算等方法将其简化为圆形进行力学求解与分析，为其他形状巷道的围岩应力分析与支护设计提供理论基础，因此有必要对圆形巷道进行精确的受力分析。

3.2.1 基本假设与力学模型建立

为方便分析，首先作如下假设：巷道围岩视为均质、各向同性、连续的弹塑性体，埋深足够大（≥20 倍的巷道半径 R_0），巷道围岩影响范围内（3~5 倍巷道半径 R_0）的岩石自重忽略不计，巷道足够长且水平布置，将其简化为平面应变问题，忽略水与岩体结构的影响，将水平应力场与垂直应力场分别视为均布荷载，没有施加支护阻力。

通过上述假设，建立圆形巷道开挖后双向受压的力学模型，力学模型如图 3-4a 所示。巷道断面形状为圆形，巷道半径为 R_0，垂直应力为 p_0，水平应力为 λp_0，λ 为侧压系数。

3.2.2 深部圆形巷道围岩应力复变函数解

如图 3-4a 所示，在 z 平面上建立以圆形巷道圆心为原点的直角坐标系 Oxy。将 z 平面上弹性体（即圆形巷道围岩）围成的区域变换为 ζ 平面上映射单位圆的

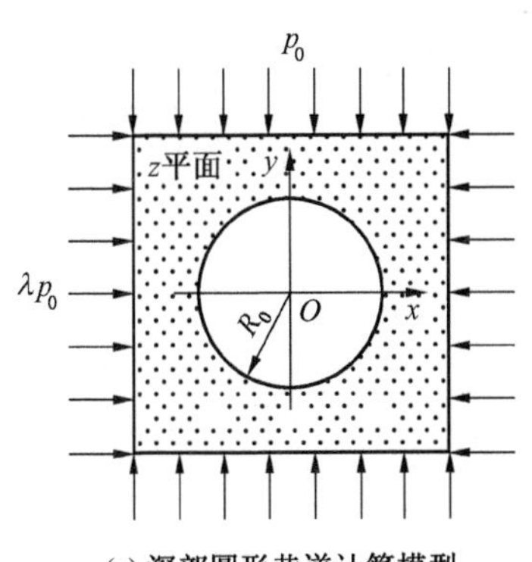

(a) 深部圆形巷道计算模型

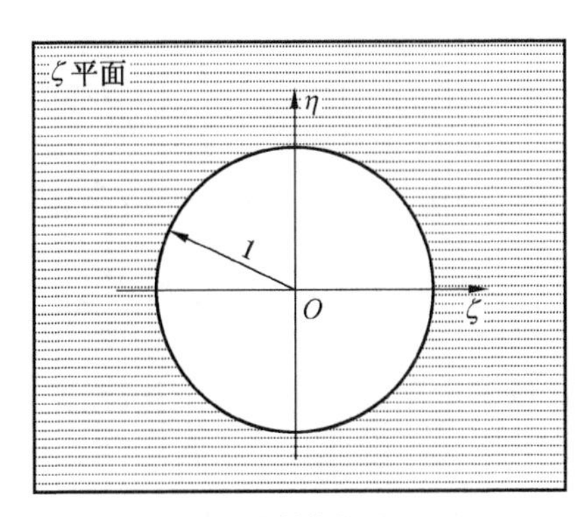

(b) 映射单位圆

图 3-4 深部圆形巷道力学模型与映射单位圆

内部（圆心位于坐标原点 $\zeta=0$，半径为 1），此时圆形巷道边界变换为单位圆周边界，ζ 平面上单位圆周上任意点可用 $\zeta=\rho e^{i\delta}$ 表示，如图 3-4b 所示。

极坐标表示下的 ζ 平面上任意一点 ζ：

$$\zeta=\rho(\cos\delta+\mathrm{i}\sin\delta)=\rho e^{\mathrm{i}\delta} \tag{3-23}$$

一般情况下，映射函数 $z=\omega(\zeta)$ 最常用的形式为

$$z=\omega(\zeta)=R\left(\frac{1}{\zeta}+\sum_{k=0}^{n}c_k\zeta^k\right) \tag{3-24}$$

其中，n 为正整数，R 为实数，与圆形巷道尺寸有关，c_k 一般为复数，具体数值与边界的具体形状有关，通常 k 数值越大，变换的精确度越高。由于是圆形巷道变换为单位圆，因此，映射函数取：

$$z=\omega(\zeta)=\frac{R_0}{\zeta} \tag{3-25}$$

在边界上，由 $\rho=1$、$\zeta=e^{i\delta}=\sigma$ 及 $\overline{\sigma}=\dfrac{1}{\sigma}$ 得：

$$\left.\begin{aligned}&\omega(\sigma)=\frac{R_0}{\sigma},\ \overline{\omega(\sigma)}=R_0\sigma\\&\omega'(\sigma)=-\frac{R_0}{\sigma^2},\ \overline{\omega'(\sigma)}=-R_0\sigma^2\\&\frac{\omega(\sigma)}{\overline{\omega'(\sigma)}}=-\frac{1}{\sigma^3},\ \frac{\overline{\omega(\sigma)}}{\omega'(\sigma)}=-\sigma^3\end{aligned}\right\} \tag{3-26}$$

解析函数 $\varphi(\zeta)$、$\phi(\zeta)$ 在边界上满足：

$$\varphi_0(\sigma)+\frac{\omega(\sigma)}{\overline{\omega'(\sigma)}}\overline{\varphi_0'(\sigma)}+\overline{\phi_0(\sigma)}=f_0 \tag{3-27}$$

$$f_0 = \mathrm{i}\int(\overline{f_x} + \mathrm{i}\overline{f_y})\mathrm{d}s - \frac{\overline{F_x} + \mathrm{i}\overline{F_y}}{2\pi}\ln\sigma - \frac{1+\mu}{8\pi}(\overline{F_x} - \mathrm{i}\overline{F_y})\frac{\omega(\sigma)}{\overline{\omega'(\sigma)}}\sigma -$$

$$2B\omega(\sigma) - (B' - \mathrm{i}C')\overline{\omega(\sigma)} \tag{3-28}$$

$$\overline{\varphi_0(\sigma)} + \frac{\overline{\omega(\sigma)}}{\omega'(\sigma)}\varphi_0'(\sigma) + \phi_0(\sigma) = \overline{f_0} \tag{3-29}$$

由于圆形巷道边界不存在支护阻力，即$\overline{f_x}=\overline{f_y}=0$、$\overline{F_x}=\overline{F_y}=0$，式（3-28）简化为：

$$f_0 = -2B\omega(\sigma) - (B' - \mathrm{i}C')\overline{\omega(\sigma)} \tag{3-30}$$

由式（3-11）知：若$0\leqslant\lambda<1$，此时$\sigma_1=p_0$，$\sigma_3=\lambda p_0$，$\delta=\frac{\pi}{2}$；若$\lambda\geqslant1$，此时$\sigma_1=\lambda p_0$，$\sigma_3=p_0$，$\delta=0$。因此，上述两种情况下均有：

$$B = \frac{1+\lambda}{4}p_0,\ B' = \frac{1-\lambda}{2}p_0,\ C' = 0 \tag{3-31}$$

由此得：

$$\left.\begin{aligned} f_0 &= -\frac{p_0R_0}{2}\left[\frac{1+\lambda}{\sigma} + (1-\lambda)\sigma\right] \\ \overline{f_0} &= -\frac{p_0R_0}{2}\left[\frac{1-\lambda}{\sigma} + (1+\lambda)\sigma\right] \end{aligned}\right\} \tag{3-32}$$

为了确定解析函数$\varphi_0(\zeta)$、$\phi_0(\zeta)$的具体形式，做如下变换：

$$\varphi_0(\zeta) = \frac{1}{2\pi\mathrm{i}}\int_\sigma \frac{f_0}{\sigma-\zeta}\mathrm{d}\sigma - \frac{1}{2\pi\mathrm{i}}\int_\sigma \frac{\omega(\sigma)}{\overline{\omega'(\sigma)}}\frac{\overline{\varphi_0'(\sigma)}}{\sigma-\zeta}\mathrm{d}\sigma \tag{3-33}$$

$$\phi_0(\zeta) = \frac{1}{2\pi\mathrm{i}}\int_\sigma \frac{\overline{f_0}}{\sigma-\zeta}\mathrm{d}\sigma - \frac{1}{2\pi\mathrm{i}}\int_\sigma \frac{\overline{\omega(\sigma)}}{\omega'(\sigma)}\frac{\varphi_0'(\sigma)}{\sigma-\zeta}\mathrm{d}\sigma \tag{3-34}$$

由$\varphi_0(\zeta) = \sum_{k=1}^{\infty}\alpha_k\zeta^k$结合式（3-26）、式（3-33）、式（3-34）得：

$$\varphi_0(\zeta) = \frac{1}{2\pi\mathrm{i}}\int_\sigma \frac{1}{\sigma^3}\sum_{k=1}^{\infty}k\overline{\alpha_k}\zeta^{1-k}\frac{\mathrm{d}\sigma}{\sigma-\zeta} - \frac{1}{2\pi\mathrm{i}}\int_\sigma \frac{p_0R_0}{2}\left[\frac{1+\lambda}{\sigma} + (1-\lambda)\sigma\right]\frac{\mathrm{d}\sigma}{\sigma-\zeta} \tag{3-35}$$

$$\phi_0(\zeta) = \frac{1}{2\pi\mathrm{i}}\int_\sigma \frac{\sigma^3\sum_{k=1}^{\infty}k\alpha_k\zeta^{k-1}}{\sigma-\zeta}\mathrm{d}\sigma - \frac{1}{2\pi\mathrm{i}}\int_\sigma \frac{p_0R_0}{2}\left[\frac{1-\lambda}{\sigma} + (1+\lambda)\sigma\right]\frac{\mathrm{d}\sigma}{\sigma-\zeta} \tag{3-36}$$

因为函数 $\frac{1}{\zeta^3}\sum_{k=1}^{\infty}k\overline{\alpha_k}\zeta^{1-k}$ 在单位圆外是解析的，同时在单位圆外及单位圆周上是连续的，所以，式（3-35）等号右边第一项积分式为0，变为：

$$\varphi_0(\zeta) = -\frac{p_0R_0}{2}(1-\lambda)\zeta \tag{3-37}$$

由于函数 $\zeta^3\sum_{k=1}^{\infty}k\alpha_k\zeta^{k-1}$ 在单位圆内是解析的，同时在单位圆内及单位圆周上是连续的，即，$\zeta^3\varphi_0'(\zeta) = \frac{1}{2\pi i}\int_\sigma \frac{\sigma^3\sum_{k=1}^{\infty}k\alpha_k\zeta^{k-1}}{\sigma-\zeta}d\sigma$，因此，式（3-36）变为

$$\phi_0(\zeta) = -\frac{p_0R_0}{2}[(1-\lambda)\zeta^3 + (1+\lambda)\zeta] \tag{3-38}$$

得到解析函数 $\varphi(\zeta)$ 与 $\phi(\zeta)$ 的表达式：

$$\left.\begin{aligned}\varphi(\zeta) &= \frac{p_0R_0}{2}\left[\frac{1+\lambda}{2\zeta} - (1-\lambda)\zeta\right]\\ \phi(\zeta) &= \frac{p_0R_0}{2}\left[\frac{1-\lambda}{\zeta} - (1-\lambda)\zeta^3 - (1+\lambda)\zeta\right]\end{aligned}\right\} \tag{3-39}$$

将式（3-39）代入式（3-15），得解析函数 $\Phi(\zeta)$ 与 $\Psi(\zeta)$ 的表达式：

$$\left.\begin{aligned}\Phi(\zeta) &= \frac{\varphi'(\zeta)}{\omega'(\zeta)} = \frac{p_0}{4}[1+\lambda+2(1-\lambda)\zeta^2]\\ \Psi(\zeta) &= \frac{\phi'(\zeta)}{\omega'(\zeta)} = \frac{p_0}{2}[1-\lambda+(1+\lambda)\zeta^2+3(1-\lambda)\zeta^4]\end{aligned}\right\} \tag{3-40}$$

根据 $\zeta = \rho(\cos\delta + i\sin\delta) = \rho e^{i\delta}$、式（3-5）、式（3-15）、式（3-16）、式（3-26）、式（3-40）得到圆形巷道在正交曲线坐标系中各个应力分量的表达式：

$$\left.\begin{aligned}\sigma_\rho &= \frac{p_0(1+\lambda)}{2}(1-\rho^2) - \frac{p_0(1-\lambda)}{2}(1-4\rho^2+3\rho^4)\cos2\delta\\ \sigma_\theta &= \frac{p_0(1+\lambda)}{2}(1+\rho^2) + \frac{p_0(1-\lambda)}{2}(1+3\rho^4)\cos2\delta\\ \tau_{\rho\theta} &= -\frac{p_0(1-\lambda)}{2}(1+2\rho^2-3\rho^4)\sin2\delta\end{aligned}\right\} \tag{3-41}$$

由 $z=\omega(\zeta)=\frac{R_0}{\zeta}$，得 $x+iy=e^{-i\delta}=\frac{R_0(\cos\delta - i\sin\delta)}{\rho}$，$z$ 平面上直角坐标系与

正交曲线坐标系之间的转换关系为：$x=r\cos\theta$，$y=r\sin\theta$，得到：$\rho=\dfrac{R_0}{r}$，$\theta=-\delta$。由此获得在 z 平面上的圆形巷道围岩应力分量表达式：

$$\left.\begin{aligned}\sigma_\rho &= \frac{p_0(1+\lambda)}{2}\left(1-\frac{R_0^2}{r^2}\right)-\frac{p_0(1-\lambda)}{2}\left(1-4\frac{R_0^2}{r^2}+3\frac{R_0^4}{r^4}\right)\cos2\theta\\ \sigma_\theta &= \frac{p_0(1+\lambda)}{2}\left(1+\frac{R_0^2}{r^2}\right)+\frac{p_0(1-\lambda)}{2}\left(1+3\frac{R_0^4}{r^4}\right)\cos2\theta\\ \tau_{\rho\theta} &= \frac{p_0(1-\lambda)}{2}\left(1+2\frac{R_0^2}{r^2}-3\frac{R_0^4}{r^4}\right)\sin2\theta\end{aligned}\right\}\tag{3-42}$$

式中　σ_ρ、σ_θ、$\tau_{\rho\theta}$——z 平面上圆形巷道围岩径向应力、环向应力、切应力；

θ——任一点到巷道中心的连线与水平轴正向的夹角，rad。

式（3-42）与经典的弹性力学逆解法或半逆解法获得结果是一致的。

3.2.3　深部圆形巷道围岩应力分析

由式（3-42）知，$\lambda=1$ 时，图 3-4a 所示模型转变为结构与荷载均为轴对称的平面应变问题。式（3-42）简化为：

$$\left.\begin{aligned}\sigma_\rho &= p_0\left(1-\frac{R_0^2}{r^2}\right)\\ \sigma_\theta &= p_0\left(1+\frac{R_0^2}{r^2}\right)\end{aligned}\right\}\tag{3-43}$$

由式（3-43）知，径向应力 σ_ρ、环向应力 σ_θ 在围岩中均是以压应力形式存在并且分布均匀，对于圆形巷道的稳定十分有利，应力与圆形巷道半径 R_0 及径向距离 r 有关，与角度 θ 无关。在巷道周边，即 $r=R_0$，有 $\sigma_\rho=0$，$\sigma_\theta=2p_0$，环向应力 σ_θ 为最大应力，与巷道半径 R_0 无关。随着距离 r 的增大，径向应力 σ_ρ 逐渐增大并接近于 p_0，环向应力 σ_θ 逐渐减小也趋近于 p_0。在围岩中取任意距离 r 后，均有 $\sigma_\rho+\sigma_\theta=2p_0$，这是 $\lambda=1$ 时圆形巷道围岩弹性应力分布的特殊结论。

当 $\lambda\neq1$ 时，在巷道周边，即 $r=R_0$，此时有：

$$\left.\begin{aligned}\sigma_\rho &= 0\\ \sigma_\theta &= (1+\lambda)p_0+2p_0(1-\lambda)\cos2\theta\\ \tau_{\rho\theta} &= 0\end{aligned}\right\}\tag{3-44}$$

由式（3-44）可知，当 $\lambda<1$ 时，在圆形巷道水平方向（$\theta=0°$，即圆形巷道帮部）会出现最大压应力，在圆形巷道垂直方向（$\theta=90°$，即圆形巷道的顶底板）存在最小压应力。圆形巷道垂直方向不存在拉应力的临界条件为 $\sigma_\theta=$（1 +

$\lambda)p_0-2p_0(1-\lambda)=0$，得 $\lambda=\frac{1}{3}$。当 $\lambda=\frac{1}{3}$ 时，圆形巷道水平方向（$\theta=0°$），$\sigma_\theta=\left(\frac{8}{3}\right)p_0$，$\theta=45°$ 时，$\sigma_\theta=\left(\frac{4}{3}\right)p_0$，圆形巷道垂直方向（$\theta=90°$），$\sigma_\theta=0$。由以上分析发现，$\lambda=\frac{1}{3}$ 是圆形巷道顶底板出现拉应力的临界条件，$\lambda>\frac{1}{3}$ 时圆形巷道顶底板不存在拉应力，$\lambda<\frac{1}{3}$ 时圆形巷道顶底板出现拉应力，其中当 $\lambda=0$ 时，圆形巷道顶底板的拉应力最大，处在类似于单向压缩的不利状况。

同理，当 $\lambda>1$ 时，在圆形巷道垂直方向（$\theta=90°$，即圆形巷道顶底板）会出现最大压应力，在圆形巷道水平方向（$\theta=0°$，即圆形巷道的帮部）存在最小压应力。圆形巷道水平方向不存在拉应力的临界条件为：$\sigma_\theta=(1+\lambda)p_0+2p_0(1-\lambda)=0$，得 $\lambda=3$。当 $\lambda=3$ 时，圆形巷道垂直方向，$\sigma_\theta=8p_0$，$\theta=45°$ 时，$\sigma_\theta=4p_0$，圆形巷道水平方向，$\sigma_\theta=0$。由以上分析发现，$\lambda=3$ 是圆形巷道两帮出现拉应力的临界条件，$\lambda>3$ 时圆形巷道两帮出现拉应力，其中 λ 数值越大，圆形巷道两帮的拉应力也就越大，$\lambda<3$ 时圆形巷道两帮不存在拉应力。

综上所述，侧压系数 λ 对于圆形巷道的应力分布影响显著。在其他条件不变的前提下，当侧压系数在 $\frac{1}{3}<\lambda<3$ 时，圆形巷道围岩中只存在压应力，当侧压系数在 $0<\lambda<\frac{1}{3}$ 或者 $\lambda>3$ 时，圆形巷道围岩中既有压应力同时也存在拉应力。若巷道围岩所受拉应力大于岩石抗拉强度，巷道就会产生拉伸破坏；若巷道围岩所受压应力超过岩石抗压强度，则有可能发生剪切破坏。

为便于分析圆形巷道的应力分布，将 $\frac{\sigma_\rho}{p_0}$、$\frac{\sigma_\theta}{p_0}$ 分别定义为径向应力集中系数和环向应力集中系数，假定 $R_0=1$ m，$\frac{R_0}{r}$ 表示距离比，计算侧压系数 λ 分别为 0、0.5、1.0、1.5、2.0、4.0 时圆形巷道围岩的应力状态，其中正值表示压应力，负值表示拉应力，获得圆形巷道围岩应力集中系数分布如图 3-5 所示。

由图 3-5 可知，侧压系数 λ 对于圆形巷道围岩应力分布影响显著。总体上，径向应力 σ_ρ 从巷道壁向围岩内部逐渐增大，环向应力 σ_θ 逐渐减小，巷道壁的径向应力 σ_ρ 最小而环向应力 σ_θ 最大。当侧压系数 λ 不同时围岩受力具有明显差异。当 $\lambda=0$（类似于单轴压缩状态）时，环向应力 σ_θ 在圆形巷道两帮产生压应力集中，此时两帮中线附近的应力集中达到最大，应力集中系数为 3，而顶底板则会出现拉应力集中并且在顶底板中线附近应力集中达到最大，应力集中系数为 1；随着径向距离 r 的增加，径向应力 σ_ρ 在巷道顶底板会逐渐接近于原岩应力，在巷道两帮则表现为小幅度增加，但远没有接近原岩应力。与 $\lambda=0$ 相似，当 $\lambda=0.5$ 时，环向应力 σ_θ 在圆形巷道两帮产生压应力集中，此时在两帮中

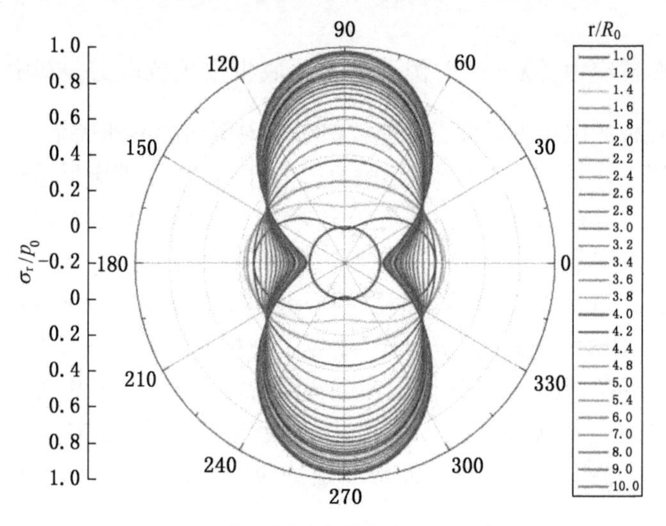

(a) λ=0时围岩径向应力集中系数

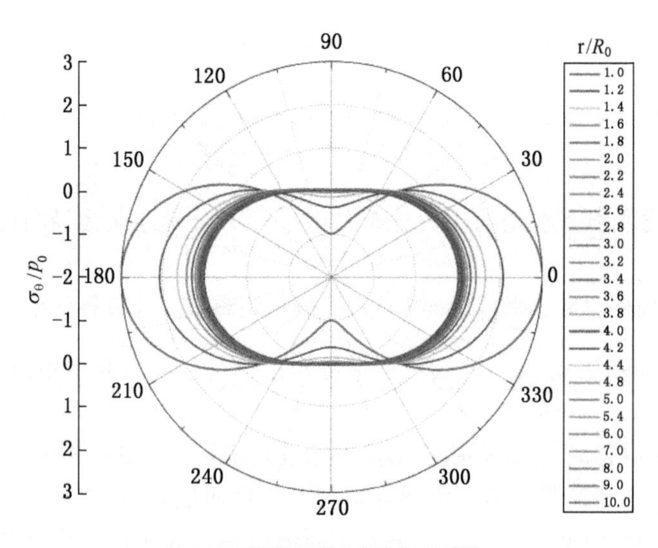

(b) λ=0时围岩环向应力集中系数

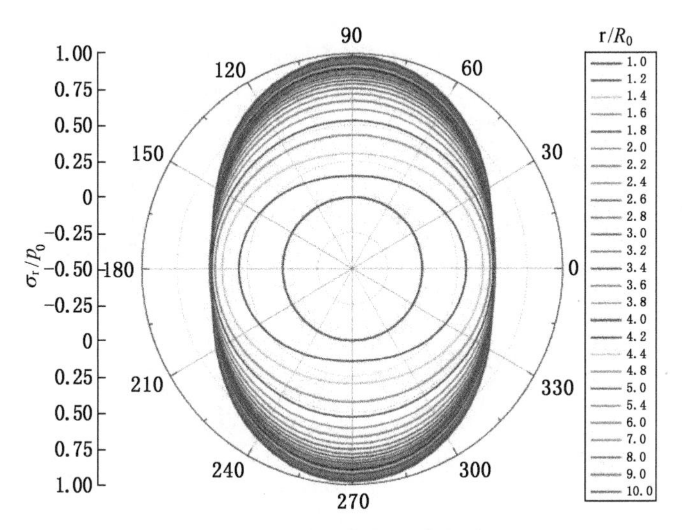

(c) λ=0.5时围岩径向应力集中系数

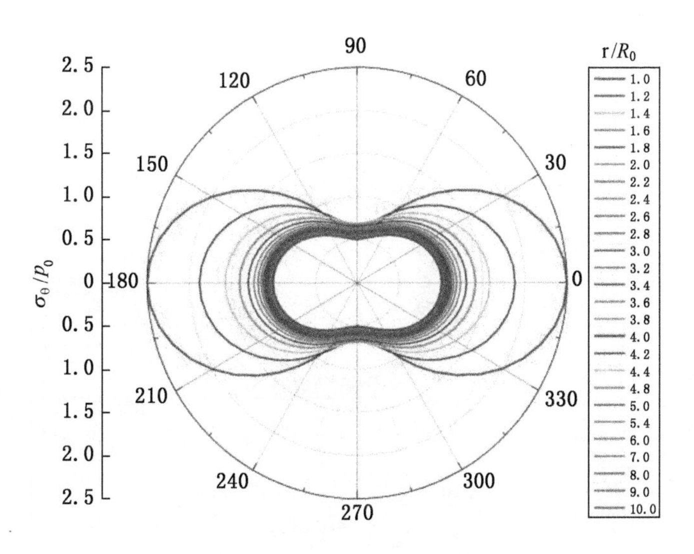

(d) λ=0.5时围岩环向应力集中系数

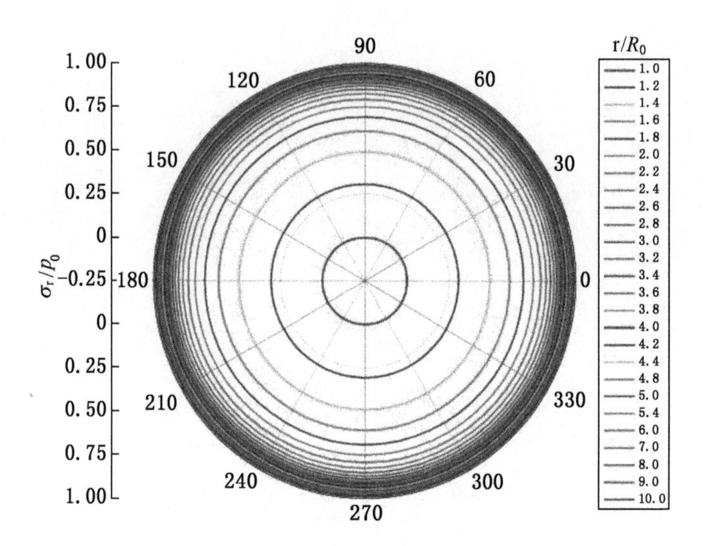

(e) λ=1时围岩径向应力集中系数

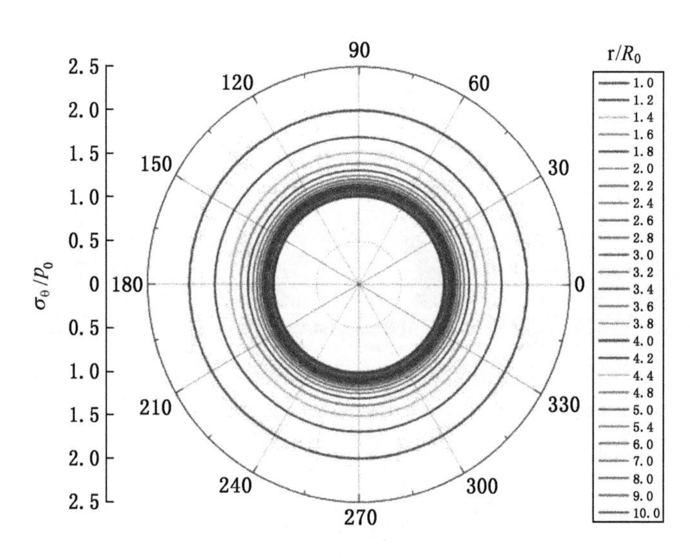

(f) λ=1时围岩环向应力集中系数

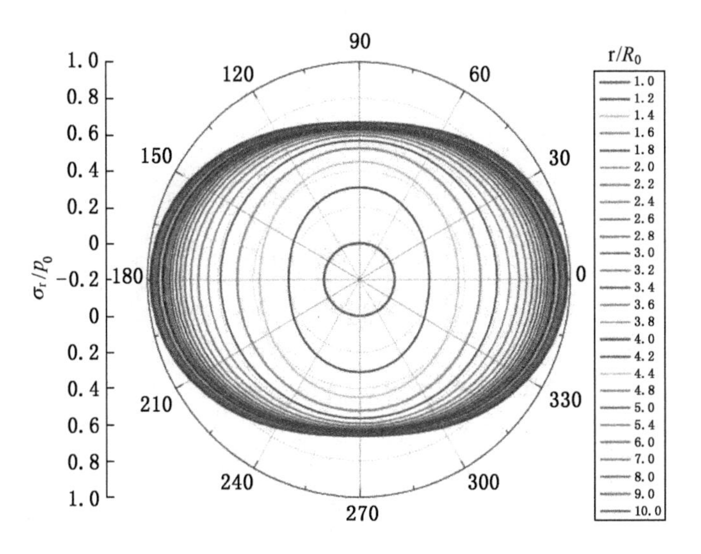

(g) λ=1.5时围岩径向应力集中系数

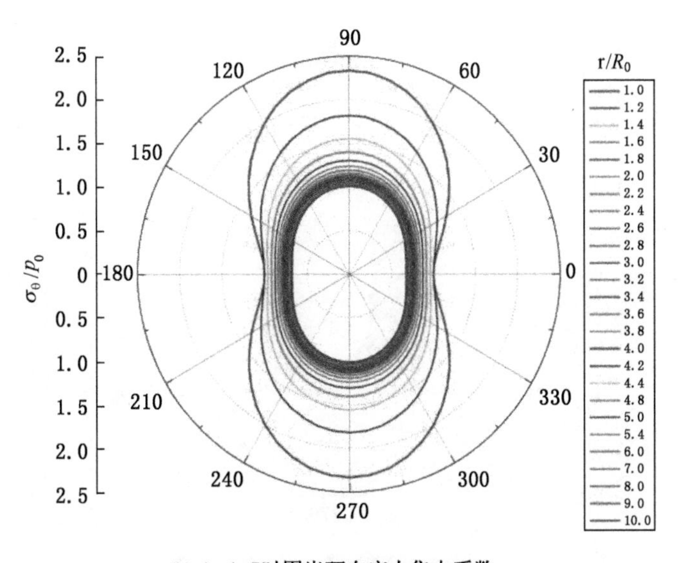

(h) λ=1.5时围岩环向应力集中系数

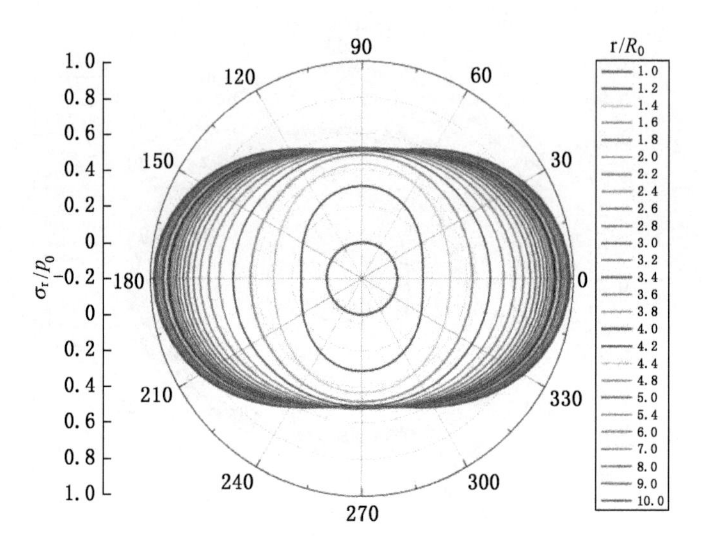

(i) λ=2.0时围岩径向应力集中系数

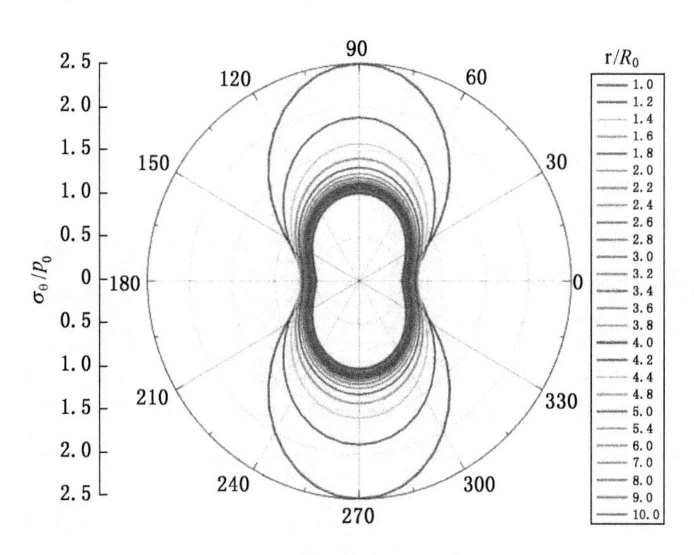

(j) λ=2.0时围岩环向应力集中系数

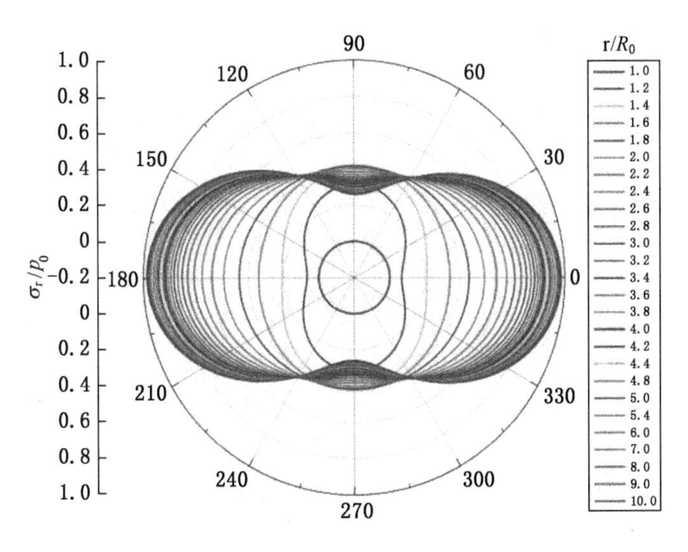

(k) λ=4.0时围岩径向应力集中系数

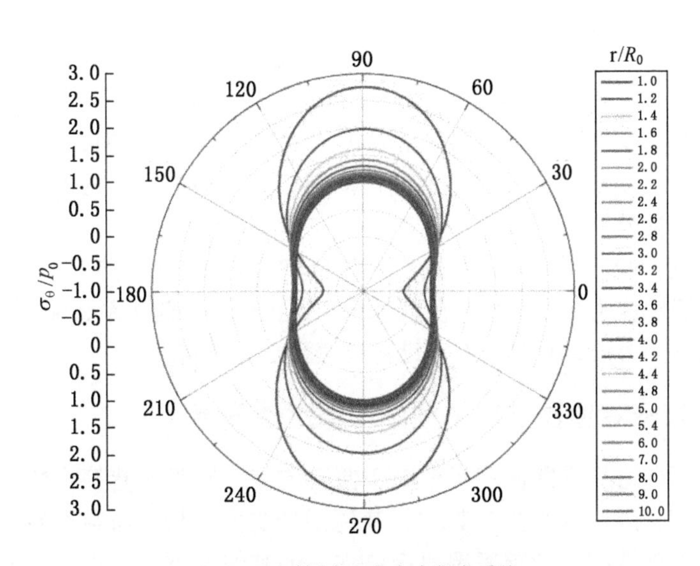

(l) λ=4.0时围岩环向应力集中系数

图 3-5 不同侧压系数下圆形巷道围岩应力集中系数分布

线附近应力集中达到最大，应力集中系数为 2.5，而在顶底板拉应力消失，转变为顶底板中线附近应力集中系数为 0.5 的压应力；随着径向距离 r 的增加，径向

应力 σ_ρ 在巷道顶底板附近逐渐接近于原岩应力，在巷道两帮则表现为应力集中系数趋近于0.5的压应力。

当 $\lambda=1$(双向等压状态) 时，径向应力 σ_ρ 与环向应力 σ_θ 沿着圆形巷道周边均匀分布，距圆形巷道中心相同径向距离 r 的各处受力相同，环向应力 σ_θ 在圆形巷道壁的应力集中系数达到2。随着径向距离 r 的增加，环向应力 σ_θ 均匀减小并且应力集中系数逐渐接近于1，径向应力 σ_ρ 均匀增加并且逐渐达到原岩应力状态。当 $\lambda=1.5$、$\lambda=2.0$ 时，圆形巷道围岩应力的分布规律相似。环向应力 σ_θ 在圆形巷道顶底板产生压应力集中，此时顶底板中线附近的应力集中达到最大，应力集中系数分别为2.3、2.5；两帮中线附近应力集中系数分别为0.67、0.5。随着径向距离 r 的增加，径向应力 σ_ρ 在两帮逐渐接近原岩应力，顶底板应力集中系数最终分别稳定在0.67、0.5。当 $\lambda=4.0$ 时，环向应力 σ_θ 在圆形巷道顶底板产生压应力集中，此时顶底板中线附近的应力集中达到最大，应力集中系数为2.75，而巷道两帮则会出现拉应力集中并且在顶底板中线附近应力集中达到最大，应力集中系数为0.25；随着径向距离 r 的增加，径向应力 σ_ρ 在巷道两帮会逐渐接近于原岩应力，而在巷道顶底板则表现为小幅度增加，最大应力集中系数为0.26。

综上所述，当 $\lambda>1$ 时，环向应力 σ_θ 在圆形巷道顶底板出现压应力集中，易导致剪切破坏，不利于顶底板稳定；在两帮附近有出现拉应力的可能性，易发生拉断破坏，这主要取决于侧压系数 λ 的取值。当 $\lambda<1$ 时，环向应力 σ_θ 在圆形巷道两帮出现压应力集中，不利于两帮稳定；同样的，在顶底板附近有出现拉应力的可能性。

同时发现，侧压系数 λ 越接近于1，环向应力 σ_θ 与径向应力 σ_ρ 的最大应力集中系数与最小应力集中系数差值就越小，这也说明，侧压系数 λ 越接近1，圆形巷道围岩应力分布越均匀，对于维持巷道稳定越有利。

3.3 深部矩形巷道围岩应力分布及稳定性分析

由于矩形巷道具有断面利用率高、便于施工、易于成巷等优势，在矿山工程中普遍使用，因此有必要对其进行巷道围岩受力分析。与圆形巷道相比，非圆形巷道平面弹性问题的求解要复杂许多。通常情况下，常规弹性力学中逆解法或半逆解法很难获得较理想的矩形巷道平面问题弹性应力解。复变函数能很好地解决复杂孔口问题，故借助其对矩形巷道应力状态进行分析。

3.3.1 基本假设与力学模型建立

同样的，在对矩形巷道围岩进行受力分析前也需要进行必要的假设。由于

3.2.1 小节已给出基本假设，在此不再赘述。

将矩形巷道视为在无限域内的单孔口平面弹性问题，即可建立矩形巷道开挖后双向受压力学模型，如图 3-6 所示。将矩形巷道宽度定义为 $2a$，高度定义为 $2b$，$c=\dfrac{a}{b}$为矩形巷道宽高比，垂直应力为 p_0，水平应力为 λp_0，λ 为侧压系数。

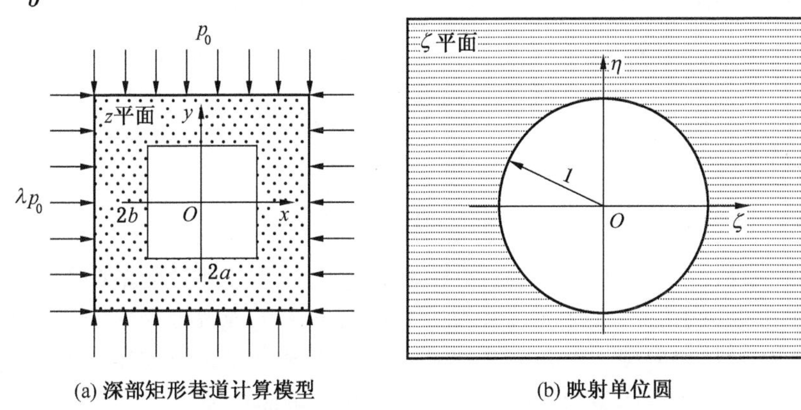

(a) 深部矩形巷道计算模型 (b) 映射单位圆

图 3-6 深部矩形巷道力学模型与映射单位圆

3.3.2 深部矩形巷道围岩应力复变函数解

在 z 平面上建立以矩形巷道形心为原点的直角坐标系 $O-xy$，如图 3-6a 所示。将 z 平面上弹性体（即矩形巷道围岩）围成的区域变换为 ζ 平面上映射单位圆的内部（圆心位于坐标原点 $\zeta=0$，半径为 1），此时矩形巷道的边界变换为单位圆周边界，ζ 平面的单位圆周上任意点可用 $\zeta=\rho e^{i\delta}$ 表示，如图 3-6b 所示。在 ζ 平面，当 $\rho<1$ 时与之相对应的是 z 平面上由矩形巷道到无限远处的区域映射到 ζ 平面上的单位圆内，无限远处映射为单位圆的圆心，$\rho=1$ 时，z 平面上矩形巷道边界映射为 ζ 平面的单位圆周上。

由 Schwarz-Christoffel 公式得到映射函数 $z=\omega(\zeta)$：

$$z=\omega(\zeta)=R\int_0^{\zeta}\prod_{k=1}^{n}(z-x_{\mathrm{k}})^{\frac{\alpha_{\mathrm{k}}}{\pi}-1}\mathrm{d}z+c \tag{3-45}$$

式中 x_{k}——z 平面上矩形到 ζ 平面单位圆周上的映射位置；

α_{k}——z 平面上矩形到 ζ 平面单位圆周上的映射角；

R——实常数，与矩形巷道尺寸有关。

由于是将 z 平面上矩形巷道映射成 ζ 平面上的单位圆周，根据复变函数理论，式（3-45）中的 $n=4$ 且 $c=0$，由此映射函数变为：

$$z=\omega(\zeta)=R\int_0^{\zeta}\left[(t-x_1)^{\frac{\alpha_1}{\pi}-1}(t-x_2)^{\frac{\alpha_2}{\pi}-1}(t-x_3)^{\frac{\alpha_3}{\pi}-1}(t-x_4)^{\frac{\alpha_4}{\pi}-1}\right]\mathrm{d}t \tag{3-46}$$

由映射关系得：

$$\left.\begin{aligned}&\alpha_1=\alpha_2=\alpha_3=\alpha_4=\frac{3\pi}{2}\\&x_1=e^{k\pi i},\ x_2=e^{(2-k)\pi i},\ x_1=e^{(1+k)\pi i},\ x_1=e^{(1-k)\pi i}\end{aligned}\right\}\tag{3-47}$$

将式（3-47）代入式（3-46），获得映射函数表达式：

$$z=\omega(\zeta)=R\left(\frac{1}{\zeta}+c_1\zeta^1+c_3\zeta^3+c_5\zeta^5+c_7\zeta^7+\cdots\right)\tag{3-48}$$

式中，$c_1=\cos 2k\pi$，$c_3=-\frac{1}{6}\sin^2 2k\pi$，$c_5=-\frac{1}{10}\sin^2 2k\pi\cos 2k\pi$，$c_7=\frac{1}{896}(10\cos 8k\pi-8\cos 4k\pi-2)$，$k$ 取决于巷道的宽高比 c。

对于工程尺度上的孔口问题，并不具备像圆形巷道那种由精确的有限项函数构成的映射函数，因此在实际计算过程中只能人为地选取含有限项函数的映射函数。通过研究发现，在映射函数 $z=\omega(\zeta)$ 取前三项的情况下，既可以减少运算量又能保证工程所需的精度，则式（3-48）可简化为：

$$z=\omega(\zeta)=R\left(\frac{1}{\zeta}+c_1\zeta+c_3\zeta^3\right)\tag{3-49}$$

式中，R、c_1、c_3 均为实常数，符号意义同前，且 $R>0$，$|c_1|+|c_3|\leqslant 1$。

将 $z=x+iy$、式（3-23）代入式（3-49）得：

$$x+\mathrm{i}y=R\left(\frac{1}{\rho e^{\mathrm{i}\delta}}+c_1\rho e^{\mathrm{i}\delta}+c_3\rho^3e^{\mathrm{i}3\delta}\right)\tag{3-50}$$

$\rho=1$ 时，z 平面上矩形巷道边界映射为 ζ 平面的单位圆周上得：

$$\left.\begin{aligned}x&=R(\cos\delta+c_1\cos\delta+c_3\cos 3\delta)\\y&=R(-\sin\delta+c_1\sin\delta+c_3\sin 3\delta)\end{aligned}\right\}\tag{3-51}$$

由图 3-6 展示的对应关系知，当 $\delta=0$ 时，表示 z 平面上矩形巷道右侧帮部中点，其坐标为（a，0），对应于 ζ 平面单位圆周上坐标为（1，0）的点；当 $\delta=\frac{\pi}{2}$ 时，表示 z 平面的矩形巷道底板中点，其坐标为（0，$-b$），对应于 ζ 平面坐标为（0，1）的点。所以当 $\delta=0$、$\delta=\frac{\pi}{2}$ 时，可得：

$$\left.\begin{aligned}&x=a=R\left(1+\cos 2k\pi-\frac{1}{6}\sin^2 2k\pi\right)\quad y=0\\&y=-b=R\left(-1+\cos 2k\pi+\frac{1}{6}\sin^2 2k\pi\right)\quad x=0\end{aligned}\right\}\tag{3-52}$$

$$-\frac{a}{b}=\frac{R\left(1+\cos 2k\pi-\frac{1}{6}\sin^2 2k\pi\right)}{R\left(-1+\cos 2k\pi+\frac{1}{6}\sin^2 2k\pi\right)} \tag{3-53}$$

$$\left.\begin{aligned}R&=\frac{a}{1+\cos 2k\pi-\frac{1}{6}\sin^2 2k\pi}\\R&=\frac{b}{1-\cos 2k\pi-\frac{1}{6}\sin^2 2k\pi}\end{aligned}\right\} \tag{3-54}$$

当矩形巷道的宽度 $2a$ 与高度 $2b$ 分别确定后，就可以根据式（3-53）获得具体的 k 值。将 k 值代入式（3-54）就能够求出具体的 R 值，由此即可求出含有具体参数的映射函数 $z=\omega(\zeta)$。

在边界上，由 $\rho=1$、$\zeta=e^{i\delta}=\sigma$ 及 $\overline{\sigma}=\frac{1}{\sigma}$ 可以获得如下表达式：

$$\left.\begin{aligned}&\omega(\sigma)=R\left(\frac{1}{\sigma}+c_1\sigma+c_3\sigma^3\right),\quad \omega'(\sigma)=R\left(-\frac{1}{\sigma^2}+c_1+3c_3\sigma^2\right)\\&\overline{\omega(\sigma)}=R\left(\sigma+\frac{c_1}{\sigma}+\frac{c_3}{\sigma^3}\right),\quad \overline{\omega'(\sigma)}=R\left(-\sigma^2+c_1+\frac{3c_3}{\sigma^2}\right)\\&\frac{\omega(\sigma)}{\overline{\omega'(\sigma)}}=\frac{\sigma+c_1\sigma^3+c_3\sigma^5}{-\sigma^4+c_1\sigma^2+3c_3},\quad \frac{\overline{\omega(\sigma)}}{\omega'(\sigma)}=\frac{\sigma^4+c_1\sigma^2+c_3}{-\sigma+c_1\sigma^3+3c_3\sigma^5}\end{aligned}\right\} \tag{3-55}$$

由于矩形巷道在垂直方向受 p_0 的作用，水平方向受 λp_0 的作用，并且巷道边界不存在支护阻力，即 $\overline{f_x}=\overline{f_y}=0$、$\overline{F_x}=\overline{F_y}=0$，由式（3-11）、式（3-27）、式（3-28）、式（3-29）、式（3-30）得：

$$\left.\begin{aligned}f_0&=-2BR\left(\frac{1}{\sigma}+c_1\sigma+c_3\sigma^3\right)-B'R\left(\sigma+\frac{c_1}{\sigma}+\frac{c_3}{\sigma^3}\right)\\\overline{f_0}&=-2BR\left(\sigma+\frac{c_1}{\sigma}+\frac{c_3}{\sigma^3}\right)-B'R\left(\frac{1}{\sigma}+c_1\sigma+c_3\sigma^3\right)\end{aligned}\right\} \tag{3-56}$$

式中，B 与 B' 可由式（3-31）获得。

为了确定解析函数 $\varphi_0(\zeta)$、$\phi_0(\zeta)$ 的具体形式，做如下计算：

$$\varphi_0(\zeta)=\frac{1}{2\pi i}\int_\sigma\left[-2BR\left(\frac{1}{\sigma}+c_1\sigma+c_3\sigma^3\right)-B'R\left(\sigma+\frac{c_1}{\sigma}+\frac{c_3}{\sigma^3}\right)\right]\frac{d\sigma}{\sigma-\zeta}-$$

$$\frac{1}{2\pi i}\int_{\sigma}\frac{\sigma+c_1\sigma^3+c_3\sigma^5}{-\sigma^4+c_1\sigma^2+3c_3}\sum_{k=1}^{\infty}k\overline{\alpha_k}\zeta^{1-k}\frac{d\sigma}{\sigma-\zeta} \tag{3-57}$$

$$\phi_0(\zeta)=\frac{1}{2\pi i}\int_{\sigma}\left[-2BR\left(\sigma+\frac{c_1}{\sigma}+\frac{c_3}{\sigma^3}\right)-B'R\left(\frac{1}{\sigma}+c_1\sigma+c_3\sigma^3\right)\right]\frac{d\sigma}{\sigma-\zeta}-$$

$$\frac{1}{2\pi i}\int_{\sigma}\left(\frac{\sigma^4+c_1\sigma^2+c_3}{-\sigma+c_1\sigma^3+3c_3\sigma^5}\right)\sum_{k=1}^{\infty}k\alpha_k\zeta^{k-1}\frac{d\sigma}{\sigma-\zeta} \tag{3-58}$$

上述两式中等号右边第一项化简后分别得：

$$\left.\begin{aligned}&\frac{1}{2\pi i}\int_{\sigma}\frac{f_0}{\sigma-\zeta}d\sigma=-(2BRc_1+B'R)\zeta-2BRc_3\zeta^3\\&\frac{1}{2\pi i}\int_{\sigma}\frac{\overline{f_0}}{\sigma-\zeta}d\sigma=-(2BR+B'Rc_1)\zeta-B'Rc_3\zeta^3\end{aligned}\right\} \tag{3-59}$$

为了便于计算并且在保证一定计算精度的前提下，在式（3-57）与式（3-58）中，取$k=3$，则此两式中等号右边第二项分别得：

$$\left.\begin{aligned}&\frac{1}{2\pi i}\int_{\sigma}\frac{\omega(\sigma)}{\overline{\omega'(\sigma)}}\frac{\overline{\varphi_0'(\sigma)}}{\sigma-\zeta}d\sigma=-\overline{\alpha_1}c_3\zeta\\&\frac{1}{2\pi i}\int_{\sigma}\frac{\overline{\omega(\sigma)}}{\omega'(\sigma)}\frac{\varphi'_0(\sigma)}{\sigma-\zeta}d\sigma=\frac{\overline{\omega(\zeta)}}{\omega'(\zeta)}\varphi_0'(\zeta)+\frac{\alpha_1c_3}{\zeta}\end{aligned}\right\} \tag{3-60}$$

将式（3-59）中第一项与式（3-60）中第一项分别代入式（3-57）得：

$$\alpha_1\zeta+\alpha_2\zeta^2+\alpha_3\zeta^3+\cdots-\overline{\alpha_1}c_3\zeta=-(2BRc_1+B'R)\zeta-2BRc_3\zeta^3 \tag{3-61}$$

等式两边关于ζ的同幂次项对应相等，因此得：

$$\alpha_1=-\frac{(2BRc_1+B'R)}{1-c_3},\quad \alpha_2=0,\quad \alpha_3=-2BRc_3 \tag{3-62}$$

得到解析函数$\varphi(\zeta)$与$\phi(\zeta)$的表达式：

$$\left.\begin{aligned}&\varphi(\zeta)=BR\frac{1}{\zeta}+\left(BRc_1-\frac{2BRc_1+B'R}{1-c_3}\right)\zeta-BRc_3\zeta^3\\&\phi(\zeta)=(B'R-\alpha_1c_3)\frac{1}{\zeta}-2BR\zeta-\frac{\overline{\omega(\zeta)}}{\omega'(\zeta)}\varphi_0(\zeta)\end{aligned}\right\} \tag{3-63}$$

获得矩形巷道在正交曲线坐标系中各个应力分量的表达式：

$$\sigma_\rho+\sigma_\theta=4\mathrm{Re}\left[B+\frac{B'+6BRc_3\zeta^2}{-R\frac{1}{\zeta^2}+c_1R+3Rc_3\zeta^2}\right] \tag{3-64}$$

$$\sigma_\theta - \sigma_\rho + 2\mathrm{i}\,\tau_{\rho\theta} =$$

$$\left[\left(\frac{2\alpha_1\zeta}{R} - 24Bc_3\zeta^3\right)J - \left(\frac{\alpha_1\zeta^2}{R} - 6Bc_3\zeta^4\right)(2c_1\zeta + 12c_3\zeta^3)\right]\frac{2(\zeta^4 + c_1\rho^4\zeta^2 + c_3\rho^8)}{\zeta I J^2\rho^2} +$$

$$\left\{\frac{c_3\alpha_1}{R} - B' - 2B\zeta^2 - \frac{2\zeta^2}{J}\left(\frac{c_1\alpha_1}{R} - 6Bc_3^2\right) + \frac{4\left(\frac{\alpha_1}{R} - 6Bc_1c_3\right)\zeta^2}{J} - \frac{36Bc_3\zeta^4}{J} +\right.$$

$$\left.\left[\frac{B'c_3}{RJ^2} + \left(\frac{c_1\alpha_1}{R} - 6Bc_3^2\right)\frac{\zeta^2}{J^2} + \left(\frac{\alpha_1}{R} - 6Bc_1c_3\right)\frac{\zeta^4}{J^2} - \frac{6Bc_3\zeta^6}{J^2}(15c_3\zeta^4 + 3c_1\zeta^2 - 1)\right]\right\}\frac{2}{I}$$

(3-65)

式中，$I=-\frac{\zeta^2}{\rho^2}+c_1\rho^2+\frac{3c_3\rho^6}{\zeta^2}$，$J=3c_3\zeta^4+c_1\zeta^2-1$，$\sigma_\rho$、$\sigma_\theta$、$\tau_{\rho\theta}$ 分别为 z 平面上矩形巷道围岩径向应力、环向应力、切应力。

由于矩形巷道未施加支护措施，因此在矩形巷道边界，巷道近处围岩径向应力 $\sigma_\rho=0$、切应力$\tau_{\rho\theta}=0$，将 $\rho=1$ 代入式（3-64），得到矩形巷道近处围岩在正交曲线坐标系的应力分布，围岩环向应力 σ_θ 表达式由下式得出：

$$\sigma_\theta = (1+\lambda)p_0\left[1 + \frac{g_1f_1 - 6g_1c_3\cos2\theta - 6c_3(1+3c_3)\sin^2 2\theta}{g_1^2 + (1+3c_3)^2\sin^2 2\theta}\right] \quad (3\text{-}66)$$

式中，$g_1 = c_1 + (3c_3 - 1)\cos2\theta$，$f_1 = \frac{2(c_1 + h_1)}{(c_3 - 1)}$，$h_1 = \frac{(1-\lambda)}{(1+\lambda)}$。

3.3.3 深部矩形巷道围岩应力分析

为了更清晰直观地展示矩形巷道应力分布情况，依据上述分析选取了矩形巷道宽高比 c 分别为 0.5、0.6、1.0、1.4、1.8 五种情况，分析在侧压系数 λ 分别为 0、0.5、1.0、1.5、2.0、4.0 时，不同宽高比 c 条件下矩形巷道围岩应力分布特征。其中，映射函数计算参数见表 3-1。

表 3-1 矩形巷道不同宽高比的映射函数参数表

c	c_1	c_3	R	k
0.5	-0.280	-0.150	1.890	0.291
0.6	-0.210	-0.159	1.903	0.284
1.0	0	-0.167	2.400	0.250
1.4	0.139	-0.163	2.869	0.228
1.8	0.241	-0.157	3.321	0.211

由式（3-66）获得矩形巷道围岩环向应力集中系数分布如图 3-7 所示。

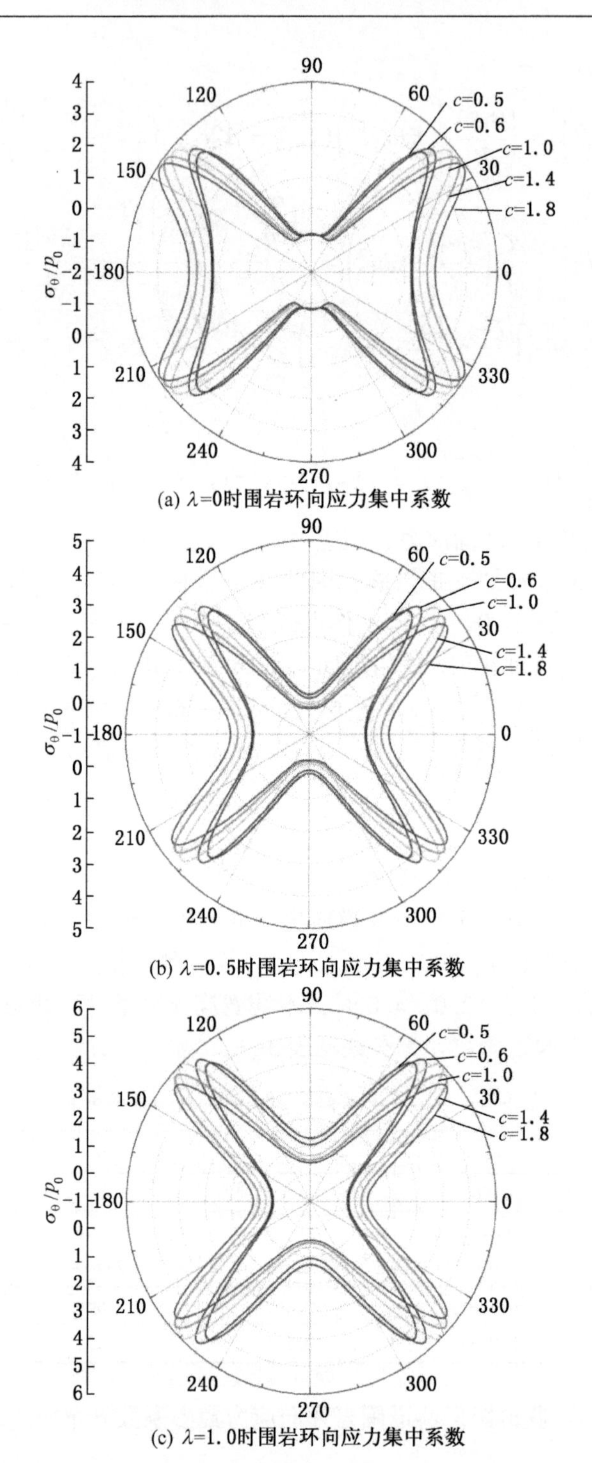

(a) λ=0时围岩环向应力集中系数

(b) λ=0.5时围岩环向应力集中系数

(c) λ=1.0时围岩环向应力集中系数

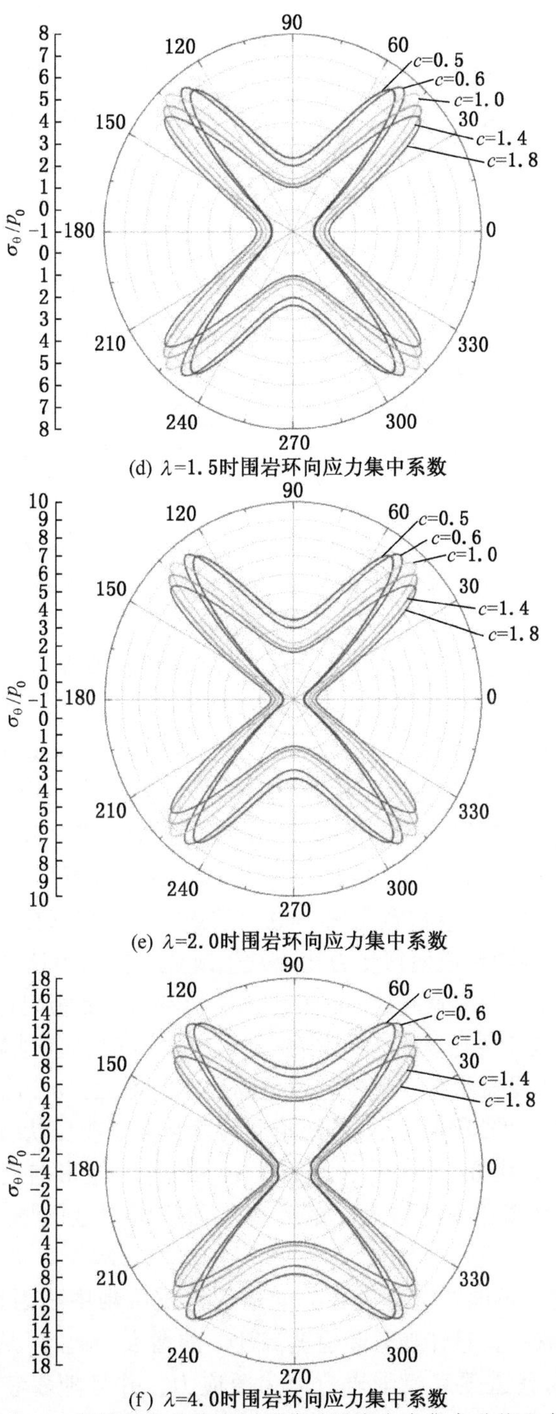

(d) λ=1.5时围岩环向应力集中系数

(e) λ=2.0时围岩环向应力集中系数

(f) λ=4.0时围岩环向应力集中系数

图3-7　不同侧压系数下矩形巷道围岩应力集中系数分布

由图 3-7 可以看出：侧压系数 λ 与巷道宽高比 c 对矩形巷道围岩应力分布影响显著。环向应力 σ_θ 沿巷道边界分布不均匀，矩形巷道隅角的围岩应力波动较为剧烈。当侧压系数 λ 一定时，随着巷道宽高比 c 逐渐增加，巷道两帮的环向应力集中系数 σ_θ/p_0 不断增加，巷道顶底板的 σ_θ/p_0 则逐步缩小。σ_θ/p_0 由巷道两帮中部及顶底板中部向隅角逐渐增大且呈对称分布，无论侧压系数 λ 与巷道宽高比 c 取何值，巷道隅角均存在最大环向应力且为压应力。当侧压系数 λ 一定时，随着巷道宽高比 c 的扩大，除侧压系数 $\lambda=0$ 时巷道隅角的最大环向应力集中系数 σ_θ/p_0 表现为持续增大以外，其余五种情况下矩形巷道隅角的最大环向应力集中系数 σ_θ/p_0 均呈现出先增加再减小的趋势，即在巷道宽高比 $c<1$ 时，巷道隅角的 σ_θ/p_0 随着 c 的增加而增加，在巷道宽高比 $c>1$ 时，巷道隅角的 σ_θ/p_0 随着 c 的增加而减小，在巷道宽高比 $c=1$ 时得到最大的环向应力集中系数 σ_θ/p_0。

当侧压系数 $\lambda=0$ 与 $\lambda=0.5$ 时，在矩形巷道顶底板出现拉应力。$\lambda=0$ 时，不同巷道宽高比 c 的矩形巷道顶底板中线附近 σ_θ/p_0 达到最大负值，均在-0.8 左右，处于拉应力状态；$\lambda=0.5$ 时，巷道宽高比 $c=0.5$ 与 $c=0.6$ 的矩形巷道顶底板中线附近 σ_θ/p_0 分别为 0.227、0.118，此时围岩处在压应力状态，巷道宽高比 $c>1.0$ 后，顶底板中线附近 σ_θ/p_0 逐步转变为拉应力，并且随着巷道宽高比 c 的增大，顶底板附近的 σ_θ/p_0 也由-0.07 逐渐扩大至-0.19。在两帮附近，随着巷道宽高比 c 的增大，σ_θ/p_0 也分别由 1.2 增至 1.97、0.8 增至 1.56。

当 $\lambda=1.0$ 时，矩形巷道周边均为压应力，随着巷道宽高比 c 由 0.5 增大至 1.8，巷道顶底板的 σ_θ/p_0 由 1.29 减小至 0.41，巷道两帮的 σ_θ/p_0 由 0.39 增大至 1.14。当 $\lambda=1.5$ 时，巷道宽高比 $c=0.5$ 的矩形巷道两帮存在拉应力，巷道宽高比 $c>0.5$ 后，矩形巷道两帮受力状态发生改变，拉应力消失压应力出现且压应力逐渐增大。随着巷道宽高比 c 的增大，矩形巷道顶底板附近的 σ_θ/p_0 由 2.36 减小至 1.02，均处于受压状态。同样的，当 $\lambda=2.0$ 时，巷道宽高比 $c<1.0$ 的矩形巷道两帮处于受拉状态，随着巷道宽高比 c 的增大，σ_θ/p_0 由-0.41 逐渐减小至-0.144，巷道宽高比 $c>1.0$ 的矩形巷道两帮处于受压状态，随着巷道宽高比 c 的增大，σ_θ/p_0 由 0.08 逐渐增大至 0.31。同时，矩形巷道顶底板处于受压状态，随着巷道宽高比 c 的增大，矩形巷道顶底板附近的 σ_θ/p_0 由 3.42 减小至 1.62。

当 $\lambda=4.0$ 时，不同巷道宽高比 c 的矩形巷道两帮中线附近 σ_θ/p_0 为负值，处于最大拉应力状态，且伴随着巷道宽高比 c 的增大，σ_θ/p_0 从-2.02 逐渐降低至-1.35。在矩形巷道顶底板围岩应力为压应力，并且随着巷道宽高比 c 的增大，矩形巷道顶底板附近的 σ_θ/p_0 由 7.7 减小至 4.06。

与此同时也能发现，在侧压系数 λ 一定时，矩形巷道两帮的 σ_θ/p_0 随着巷道宽高比 c 的增加而增加，矩形巷道顶底板的 σ_θ/p_0 随着巷道宽高比 c 的增加而持续减小。在巷道宽高比 c 一定时，矩形巷道两帮的 σ_θ/p_0 随着侧压系数 λ 的增加而减小，矩形巷道顶底板的 σ_θ/p_0 随着巷道宽高比 c 的增加而增加。

当巷道宽高比 $c<1$ 时，随着侧压系数 λ 的增大，矩形巷道两帮会出现拉应力；当巷道宽高比 $c>1$ 时，侧压系数 λ 的减小同样也会造成矩形巷道顶底板出现拉应力。表明矩形巷道围岩不同位置会出现不同的破坏模式，巷道围岩处于受压状态或者受拉状态取决于侧压系数 λ 与巷道宽高比 c。综上所述，若侧压系数 λ 较大，可以适当提高巷道宽高比 c 来消除拉应力；若侧压系数 λ 较小，可以适当缩小巷道宽高比 c 来消除拉应力。

3.4　深部直墙半圆拱形巷道围岩应力分布及稳定性分析

相对矩形巷道来讲，拱形巷道拥有断面利用率较高、巷道承载能力较强等优点，在采矿以及地铁隧道施工中应用较为普遍。此类形状巷道，如果采用常规弹性力学方法进行围岩应力求解会十分复杂，因此本节采用复变函数方法分析直墙半圆拱形巷道围岩应力分布。

3.4.1　基本假设与力学模型建立

同样的，在 3.2.1 小节已给出基本假设，在此不再赘述。

直墙半圆拱形巷道可被视作在无限域内的单孔口平面弹性问题，由此建立了直墙半圆拱形巷道开挖后双向受压力学模型，如图 3-8 所示。由图所示，将直墙半圆拱形巷道宽度定义为 $2a$，直墙半圆拱形巷道高度定义为 $2b$，$c=\dfrac{a}{b}$为直墙半圆拱形巷道的宽高比，垂直应力为 p_0，水平应力为 λp_0，其中 λ 为侧压系数。

3.4.2　深部直墙半圆拱形巷道围岩应力复变函数解

如图 3-8a 所示，在 z 平面上建立以直墙半圆拱形巷道形心为原点的直角坐标系 $O-xy$。将 z 平面上弹性体（即直墙半圆拱形巷道围岩）围成的区域变换为 ζ 平面上映射单位圆的内部（圆心位于坐标原点 $\zeta=0$，半径为 1），此时直墙半圆拱形巷道的边界变换为单位圆周边界，ζ 平面的单位圆周上任意点可用 $\zeta=\rho e^{i\delta}$ 表示，如图 3-8b 所示。在 ζ 平面，当 $\rho<1$ 时与之相对应的是 z 平面上由直墙半圆拱形巷道到无限远处的区域映射到 ζ 平面上的单位圆内，无限远处映射为单位圆的圆心，$\rho=1$ 时 z 平面的直墙半圆拱形巷道边界映射为 ζ 平面的单位圆

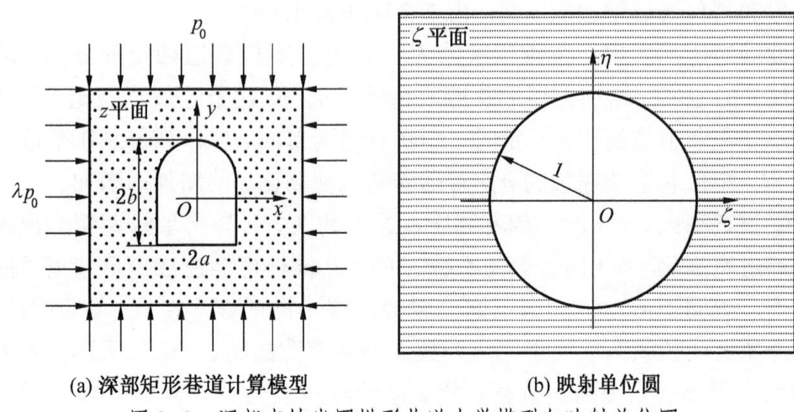

(a) 深部矩形巷道计算模型　　(b) 映射单位圆

图 3-8　深部直墙半圆拱形巷道力学模型与映射单位圆

周上。

由于是将 z 平面上直墙半圆拱形巷道映射成 ζ 平面的单位圆周，则根据复变函数理论以及前人研究成果，当式（3-45）中取 $n=5$ 且 $c=0$ 时能够获得工程所需的精度，由此映射函数变为

$$z=\omega(\zeta)=R\left(\frac{1}{\zeta}-c_2\zeta-\frac{1}{2}\mathrm{i}c_3\zeta^2-\frac{1}{3}c_4\zeta^3-\frac{1}{4}\mathrm{i}c_5\zeta^4\right) \tag{3-67}$$

式中　　R——实常数，与直墙半圆拱形巷道尺寸有关；

c_2、c_3、c_4、c_5——实常数。

由欧拉公式引申出 $e^{in\delta}=(\cos\delta-\mathrm{i}\sin\delta)^n=\cos n\delta-\mathrm{i}\sin n\delta$，将 $z=x+\mathrm{i}y$、式（3-23）代入式（3-67），$\rho=1$ 时，z 平面上直墙半圆拱形巷道边界映射为 ζ 平面的单位圆周上得：

$$\left.\begin{aligned}x&=R\left[(1-c_2)\cos\delta+\frac{1}{2}c_3\sin2\delta-\frac{1}{3}c_4\cos3\delta+\frac{1}{4}c_5\sin4\delta\right]\\y&=-R\left(\sin\delta+c_2\sin\delta+\frac{1}{2}c_3\cos2\delta+\frac{1}{3}c_4\sin3\delta+\frac{1}{4}c_5\cos4\delta\right)\end{aligned}\right\} \tag{3-68}$$

当 $\delta=0$ 时，ζ 平面的单位圆周上坐标为（1，0）的点与 z 平面上直墙半圆拱形巷道的垂直墙上某一点（a，y_0）对应，由式（3-68）得：

$$R=\frac{a}{1-c_2-\frac{1}{3}c_4},\qquad y_0=-R\left(\frac{1}{2}c_3+\frac{1}{4}c_5\right) \tag{3-69}$$

在边界上，由 $\rho=1$、$\zeta=e^{\mathrm{i}\delta}=\sigma$ 及 $\bar{\sigma}=\dfrac{1}{\sigma}$ 可以获得如下表达式：

$$
\left.\begin{aligned}
\omega(\sigma) &= R\left(\frac{1}{\sigma} - c_2\sigma - \frac{1}{2}ic_3\sigma^2 - \frac{1}{3}c_4\sigma^3 - \frac{1}{4}ic_5\sigma^4\right)\\
\omega'(\sigma) &= R\left(-\frac{1}{\sigma^2} - c_2 - ic_3\sigma - c_4\sigma^2 - ic_5\sigma^3\right)\\
\overline{\omega(\sigma)} &= R\left(\sigma - c_2\frac{1}{\sigma} + \frac{1}{2}ic_3\frac{1}{\sigma^2} - \frac{1}{3}c_4\frac{1}{\sigma^3} + \frac{1}{4}ic_5\frac{1}{\sigma^4}\right)\\
\overline{\omega'(\sigma)} &= R\left(-\sigma^2 - c_2 + ic_3\frac{1}{\sigma} - c_4\frac{1}{\sigma^2} + ic_5\frac{1}{\sigma^3}\right)
\end{aligned}\right\} \tag{3-70}
$$

由于直墙半圆拱形巷道受垂直应力 p_0 以及水平应力 λp_0 的作用，巷道边界不存在支护阻力，即$\overline{f_x}=\overline{f_y}=0$、$\overline{F_x}=\overline{F_y}=0$，于是由式（3-11）、式（3-27）、式（3-28）、式（3-29）、式（3-30）得：

$$
\left.\begin{aligned}
f_0 &= -2BR\left(\frac{1}{\sigma} - c_2\sigma - \frac{1}{2}ic_3\sigma^2 - \frac{1}{3}c_4\sigma^3 - \frac{1}{4}ic_5\sigma^4\right) -\\
&\quad B'R\left(\sigma - c_2\frac{1}{\sigma} + \frac{1}{2}ic_3\frac{1}{\sigma^2} - \frac{1}{3}c_4\frac{1}{\sigma^3} + \frac{1}{4}ic_5\frac{1}{\sigma^4}\right)\\
\overline{f_0} &= -2BR\left(\sigma - c_2\frac{1}{\sigma} + \frac{1}{2}ic_3\frac{1}{\sigma^2} - \frac{1}{3}c_4\frac{1}{\sigma^3} + \frac{1}{4}ic_5\frac{1}{\sigma^4}\right) -\\
&\quad B'R\left(\frac{1}{\sigma} - c_2\sigma - \frac{1}{2}ic_3\sigma^2 - \frac{1}{3}c_4\sigma^3 - \frac{1}{4}ic_5\sigma^4\right)
\end{aligned}\right\} \tag{3-71}
$$

式中，B 与 B'可由式（3-31）获得。

为了确定解析函数 $\varphi_0(\zeta)$、$\phi_0(\zeta)$ 的具体形式，做如下变换：

$$
\left.\begin{aligned}
\frac{1}{2\pi i}\int_\sigma \frac{\omega(\sigma)}{\overline{\omega'(\sigma)}}\frac{\overline{\varphi_0'(\sigma)}}{\sigma-\zeta}d\sigma &= \overline{\alpha_1}\left(\frac{1}{2}ic_3 - \frac{1}{4}ic_5\right) + \frac{1}{3}(\overline{\alpha_1}\sigma + 2\overline{\alpha_2})c_4 +\\
&\quad \frac{1}{4}(\overline{\alpha_1}\zeta^2 + 2\overline{\alpha_2}\zeta + 3\overline{\alpha_3})\\
\frac{1}{2\pi i}\int_\sigma \frac{\overline{\omega(\sigma)}}{\omega'(\sigma)}\frac{\varphi_0'(\sigma)}{\sigma-\zeta}d\sigma &= \left(\frac{i\alpha_2c_5}{2} - \frac{\alpha_1c_4}{3}\right)\frac{1}{\zeta} + \frac{i\alpha_1c_5}{4\zeta^2} -\\
&\quad \frac{\zeta^3 - c_2\zeta + \dfrac{ic_3}{2} - \dfrac{c_4}{3\zeta} + \dfrac{ic_5}{4\zeta^2}}{1 + c_2\zeta^2 + ic_3\zeta^3 + c_4\zeta^4 + ic_5\zeta^5}\varphi_0'(\zeta)
\end{aligned}\right\} \tag{3-72}
$$

$$
\varphi_0(\zeta) = \alpha_1\zeta + i\alpha_{2i}\zeta^2 + 2BR\left(\frac{1}{3}c_4\zeta^3 + \frac{1}{4}ic_5\zeta^4\right) \tag{3-73}
$$

$$\varphi_0'(\zeta)=\alpha_1+2\mathrm{i}\alpha_{2\mathrm{i}}\zeta+2BR(c_4\zeta^2+\mathrm{i}c_5\zeta^3) \tag{3-74}$$

同理，依照上述方法可求得 $\phi_0(\zeta)$：

$$\phi_0(\zeta)=B'R\left(c_2\zeta+\frac{\mathrm{i}c_3\zeta^2}{2}+\frac{c_4\zeta^3}{3}+\frac{\mathrm{i}c_5\zeta^4}{4}\right)-2BR\zeta-\left(\frac{\mathrm{i}\alpha_2c_5}{2}-\frac{\alpha_1^2c_4}{3}\right)\frac{1}{\zeta}-$$

$$\frac{\mathrm{i}\alpha_1c_5}{4\zeta^2}+\frac{\zeta^3-c_2\zeta+\frac{\mathrm{i}c_3}{2}-\frac{c_4}{3\zeta}+\frac{\mathrm{i}c_5}{4\zeta^2}}{1+c_2\zeta^2+\mathrm{i}c_3\zeta^3+c_4\zeta^4+\mathrm{i}c_5\zeta^5}\varphi_0'(\zeta) \tag{3-75}$$

式中，$\alpha_1=4R\dfrac{4Bc_2-2B'-Bc_3c_5}{(8-c_5^2)}$、$\alpha_2=\alpha_{2\mathrm{i}}$、$\alpha_{2\mathrm{i}}=2R\dfrac{4Bc_3-2Bc_2c_5+B'}{(8-c_5^2)}$。

由式（3-15）可得：

$$\left.\begin{aligned}\Phi(\zeta)&=\frac{\varphi'(\zeta)}{\omega'(\zeta)}=B+\frac{\varphi_0'(\zeta)}{\omega'(\zeta)}\\ \Psi(\zeta)&=\frac{\phi'(\zeta)}{\omega'(\zeta)}=B'+\frac{\phi_0'(\zeta)}{\omega'(\zeta)}\end{aligned}\right\} \tag{3-76}$$

得到直墙半圆拱形巷道在正交曲线坐标系中各个应力分量的表达式：

$$\sigma_\rho+\sigma_\theta=4\mathrm{Re}\left[B+\frac{\varphi_0'(\zeta)}{\omega'(\zeta)}\right] \tag{3-77}$$

$$\sigma_\theta-\sigma_\rho+2\mathrm{i}\,\tau_{\rho\theta}=\frac{2\zeta^2}{\rho^2\overline{\omega'(\zeta)}}\left[\left(\varphi_0''(\zeta)-\frac{\varphi_0'(\zeta)\omega''(\zeta)}{\omega'(\zeta)}\right)\frac{\overline{\omega(\zeta)}}{\omega'(\zeta)}+B'\omega'(\zeta)+\phi_0'(\zeta)\right] \tag{3-78}$$

式中，σ_ρ、σ_θ、$\tau_{\rho\theta}$ 分别为 z 平面上直墙半圆拱形巷道围岩径向应力、环向应力、切应力。

由于直墙半圆拱形巷道未施加支护措施，因此在巷道边界，直墙半圆拱形巷道近处围岩径向应力 $\sigma_\rho=0$、切应力$\tau_{\rho\theta}=0$，将 $\rho=1$ 代入式（3-77）并且结合式（3-68），得到直墙半圆拱形巷道周边围岩在正交曲线坐标系的应力分布，围岩环向应力 σ_θ 的表达式由下式得出：

$$\sigma_\theta=(1+\lambda)p_0\left[1+\frac{l_1l_3-l_2l_4}{l_3^2+l_4^2}\right] \tag{3-79}$$

其中，l_1、l_2、l_3、l_4 可按下式进行计算，各公式中涉及的参数可取表 3-2 所列数值。

$$
\left.\begin{aligned}
l_1 &= \frac{4}{8-c_5^2}\left(4c_2 - c_3c_5 - 4\frac{1-\lambda}{1+\lambda}\right) - \frac{8\sin\theta}{8-c_5^2}\left(2c_3 - c_2c_5 + \frac{1-\lambda}{1+\lambda}\right) + \\
&\quad 2c_4\cos2\theta - 2c_5\sin3\theta \\
l_2 &= \frac{8\cos\theta}{8-c_5^2}\left(2c_3 - c_2c_5 + \frac{1-\lambda}{1+\lambda}\right) + 2c_4\sin2\theta + 2c_5\cos3\theta \\
l_3 &= \cos2\theta + c_2 - c_3\sin\theta + c_4\cos2\theta - c_5\sin3\theta \\
l_4 &= \sin2\theta - c_3\cos\theta - c_4\sin2\theta - c_5\cos3\theta
\end{aligned}\right\}
\tag{3-80}
$$

3.4.3　深部直墙半圆拱形巷道围岩应力分析

为了更清晰直观地分析直墙半圆拱形巷道的应力分布，基于上述分析，选取了直墙半圆拱形巷道宽高比 c 分别为 0.6、0.8、1.0、1.2、1.4、2.0 六种情况，分析在侧压系数 λ 分别为 0、0.5、1.0、1.5、2.0、4.0 时，不同宽高比 c 条件下直墙半圆拱形巷道围岩应力分布特征。其中，映射函数计算参数见表 3-2。

表 3-2　直墙半圆拱形巷道不同宽高比的映射函数参数表

c	$R(\times a)$	c_2	c_3	c_4	c_5
0.6	1.4863	0.2231	0.0978	0.3230	-0.1650
0.8	1.2406	0.09217	0.1339	0.2998	-0.1722
1.0	1.0886	-0.0105	0.1667	0.2689	-0.1624
1.2	0.9862	-0.0908	0.1961	0.2369	-0.1433
1.4	0.9079	-0.1624	0.2262	0.2020	-0.1165
2.0	0.7692	-0.3098	0.2938	0.1242	-0.0209

由式（3-79）得直墙半圆拱形巷道围岩环向应力集中系数分布如图 3-9 所示。

由图 3-9 可以看出：直墙半圆拱形巷道围岩应力分布受侧压系数 λ 与巷道宽高比 c 的影响十分显著。环向应力 σ_θ 沿巷道边界分布不均匀，且沿着巷道中轴线呈对称分布。在直墙半圆拱形巷道拱顶、拱脚以及直墙下隅角附近存在较明显的围岩应力波动。无论侧压系数 λ 与巷道宽高比 c 取何值，在直墙下隅角均存在最大环向应力且为压应力。当侧压系数 λ 一定时，随着巷道宽高比 c 的扩大，直墙半圆拱形巷道顶底板的最大环向应力集中系数 σ_θ/p_0 表现为持续减小，两帮的最大环向应力集中系数 σ_θ/p_0 呈现出逐渐增大的趋势。当侧压系数

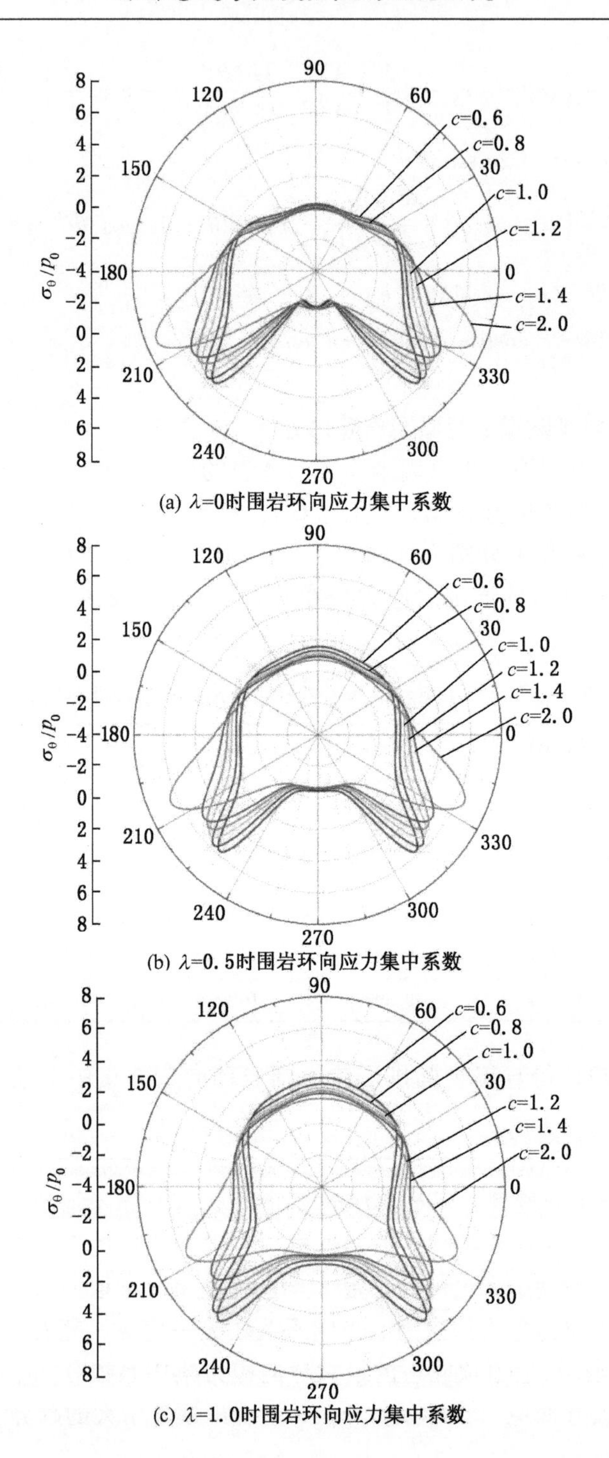

(a) $\lambda=0$时围岩环向应力集中系数

(b) $\lambda=0.5$时围岩环向应力集中系数

(c) $\lambda=1.0$时围岩环向应力集中系数

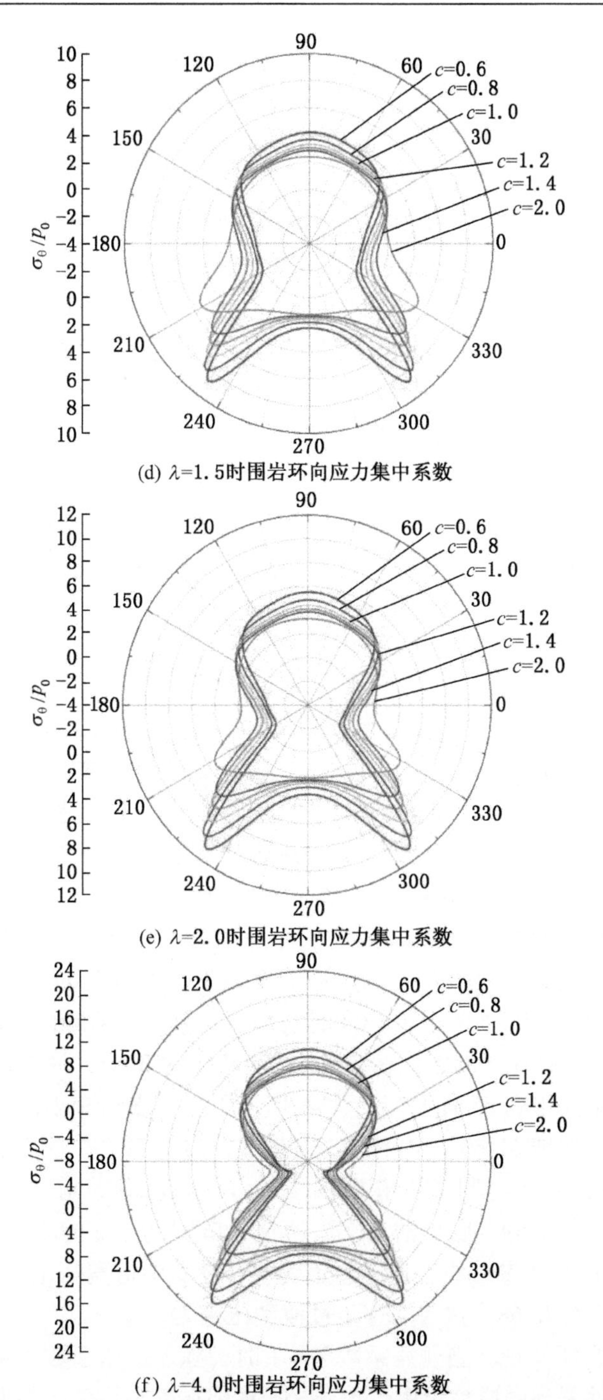

(d) λ=1.5时围岩环向应力集中系数

(e) λ=2.0时围岩环向应力集中系数

(f) λ=4.0时围岩环向应力集中系数

图3-9　不同侧压系数下直墙半圆拱形巷道围岩应力集中系数分布

$\lambda<1$ 时，直墙下隅角的 σ_θ/p_0 随着巷道宽高比 c 的扩大呈现出先减小再增加的趋势，在巷道宽高比 $c=2.0$ 时，最大环向应力集中系数 σ_θ/p_0 取得最大值；当侧压系数 $\lambda>1$ 时，直墙下隅角的 σ_θ/p_0 随着巷道宽高比 c 的扩大表现为持续减小，巷道宽高比 $c=0.6$ 时 σ_θ/p_0 取得最大值，$c=2.0$ 时 σ_θ/p_0 取得最小值。

当侧压系数 $\lambda=0$ 与 $\lambda=0.5$ 时，直墙半圆拱形巷道底板的 σ_θ/p_0 为负值，出现拉应力。$\lambda=0$ 时，不同巷道宽高比 c 的直墙半圆拱形巷道底板隅角的环向应力集中系数 σ_θ/p_0 达到最大负值，巷道宽高比 c 由 0.6 增大至 2.0 时，σ_θ/p_0 由 -1.97 逐渐升高至 -1.56，处于拉应力状态。$\lambda=0$ 时，随着巷道宽高比 c 的增大，直墙半圆拱形巷道顶板的 σ_θ/p_0 由 0.24 逐渐变为 -0.11，压应力向拉应力过渡。此时巷道两帮均为压应力，随着巷道宽高比 c 的增大，σ_θ/p_0 由 1.61 逐步提高至 3.04。与之类似，当 $\lambda=0.5$ 时，直墙半圆拱形巷道底板隅角的 σ_θ/p_0 达到最大负值，巷道宽高比 c 由 0.6 增大至 2.0 时，σ_θ/p_0 由 -0.43 逐渐变为 -0.63，处于拉应力状态。$\lambda=0.5$ 时，随着巷道宽高比 c 的增大，直墙半圆拱形巷道顶板的 σ_θ/p_0 由 1.56 逐渐减小至 0.73，均为压应力。此时巷道两帮均为压应力，随着 c 的增大，σ_θ/p_0 由 1.09 逐步提高至 2.73，压应力逐渐增大。

$\lambda=1.0$ 与 $\lambda=1.5$ 时的规律相似，此时直墙半圆拱形巷道周边不存在拉应力，均为压应力。$\lambda=1.0$ 时，直墙半圆拱形巷道顶板的 σ_θ/p_0 随着巷道宽高比 c 的增大由 2.89 逐渐减小为 1.56，底板的 σ_θ/p_0 随着巷道宽高比 c 的增大由 0.89 逐渐减小为 0.29，压应力逐渐减小；在巷道两帮，随着巷道宽高比 c 的增大 σ_θ/p_0 由 0.57 逐步增大为 2.41，压应力逐渐增大。$\lambda=1.5$ 时，直墙半圆拱形巷道顶板的 σ_θ/p_0 随着巷道宽高比 c 的增大由 4.21 逐渐减小为 2.40，底板的 σ_θ/p_0 随着巷道宽高比 c 的增大由 2.22 逐渐减小为 1.23，压应力逐渐减小；在巷道两帮，随着巷道宽高比 c 的增大 σ_θ/p_0 由 0.05 逐步增大为 2.09，压应力逐渐增大。

$\lambda=2.0$ 与 $\lambda=4.0$ 时的应力分布相似，$\lambda=2.0$ 时，直墙半圆拱形巷道顶板的 σ_θ/p_0 随着巷道宽高比 c 的增大由 5.53 逐渐减小为 3.24，底板的 σ_θ/p_0 随着巷道宽高比 c 的增大由 3.55 逐渐减小为 2.16，压应力逐渐减小；在巷道两帮，随着巷道宽高比 c 的增大 σ_θ/p_0 由 -0.43 逐步增大为 1.79，拉应力逐步过渡到压应力。$\lambda=4.0$ 时，直墙半圆拱形巷道顶板的 σ_θ/p_0 随着巷道宽高比 c 的增大由 10.82 逐渐减小为 6.59，底板的 σ_θ/p_0 随着巷道宽高比 c 的增大由 8.86 逐渐减小为 5.89，压应力逐渐减小；而在巷道两帮，随着巷道宽高比 c 的增大 σ_θ/p_0 由 -2.47 逐步转变为 0.68，拉应力逐步过渡到压应力。

与此同时也能发现，当侧压系数 $\lambda>1$ 时，随着侧压系数 λ 的增大，不同巷道宽高比 c 条件下环向应力集中系数 σ_θ/p_0 也都在逐步增大，但巷道宽高比 c 值越大，σ_θ/p_0 增幅就越缓慢，c 值越小，σ_θ/p_0 增幅就越迅速，同时在两帮附近也会逐渐产生拉应力。同理，当侧压系数 $\lambda<1$ 时，随着侧压系数 λ 的增大，不同巷道宽高比 c 条件下环向应力集中系数 σ_θ/p_0 有减小的趋势，并且巷道周边的拉应力也在逐渐减小，同时随着巷道宽高比 c 值的增大，σ_θ/p_0 呈现出先减小后增加的趋势，巷道宽高比 $c=2.0$ 时，σ_θ/p_0 在直墙下隅角附近取得最大值。由此表明直墙半圆拱形巷道围岩不同位置会出现不同的破坏模式，巷道围岩处于受压状态或者受拉状态取决于侧压系数 λ 与巷道宽高比 c。整体上，直墙半圆拱形巷道顶板的围岩应力波动要明显小于巷道底板，包含巷道直墙部分及底板附近的应力波动最为剧烈。综上所述，若侧压系数 λ 较大，可以适当提高巷道宽高比 c 来消除拉应力；若侧压系数 λ 较小，可以适当缩小巷道宽高比 c 来消除拉应力。

3.5 不同断面形状巷道围岩应力分布对比分析

巷道围岩应力分布受多种因素控制，巷道断面形状就是其中重要影响因素之一。由于巷道近处围岩径向应力 σ_ρ 数值很小，环向应力 σ_θ 起主导作用，因此为了对比分析巷道形状对围岩应力分布的影响，本节选取了半径为 $R_0=1$ m 的圆形巷道、巷道宽高比 c 分别为 0.6、1.0、1.4 的矩形巷道和直墙半圆拱形巷道三种巷道形状，分析在侧压系数 λ 分别为 0、0.5、1.0、1.5、2.0、4.0 时，不同形状巷道围岩环向应力 σ_θ 的分布特征。依据上文的巷道围岩应力解，获得不同形状巷道围岩环向应力集中系数 σ_θ/p_0 分布如图 3-10 所示。

由图 3-10 可知，只有当侧压系数 $\lambda=1.0$ 时，三种形状巷道周边的环向应力集中系数 σ_θ/p_0 均为正值，即巷道周边不存在拉应力，均处于压应力状态。此时圆形巷道围岩的 σ_θ/p_0 最为均匀，巷道周边均为 2；矩形巷道顶底板与直墙半圆拱形巷道底板在相同巷道宽高比 c 条件下受力状态相似，均在隅角附近出现 σ_θ/p_0 的最大值，矩形巷道顶底板中线与直墙半圆拱形巷道底板中线附近，随着巷道宽高比 c 的增大，σ_θ/p_0 分别从 1.06 减小到 0.50、0.89 减小到 0.38。在巷道顶板附近，直墙半圆拱形巷道的受力要比矩形巷道均匀，随着巷道宽高比 c 的增大，直墙半圆拱形巷道顶板的 σ_θ/p_0 从 2.89 减小至 1.90。侧压系数 λ 越远离 1.0，巷道周边的拉应力数值及出现拉应力的范围就越大。当侧压系数 $\lambda=0$ 时，三种形状巷道底板区域的 σ_θ/p_0 均为负值，围岩受到拉应力作用，其中直墙半圆拱形巷道的 σ_θ/p_0 数值最大，圆形巷道次之，矩形巷道最小，并且随着巷道宽高比 c 的增大，σ_θ/p_0 呈现出逐渐减小的趋势。在巷道顶板附近，圆形巷道与矩形巷道处于受拉状态，σ_θ/p_0 的最大值分别为-1、-0.82，直墙半圆拱形巷道顶板的

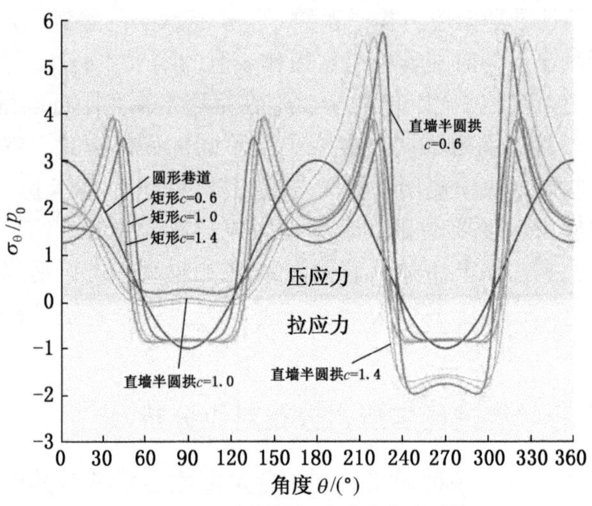

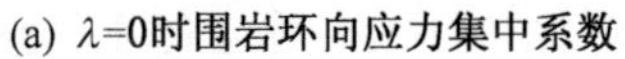
(a) λ=0时围岩环向应力集中系数

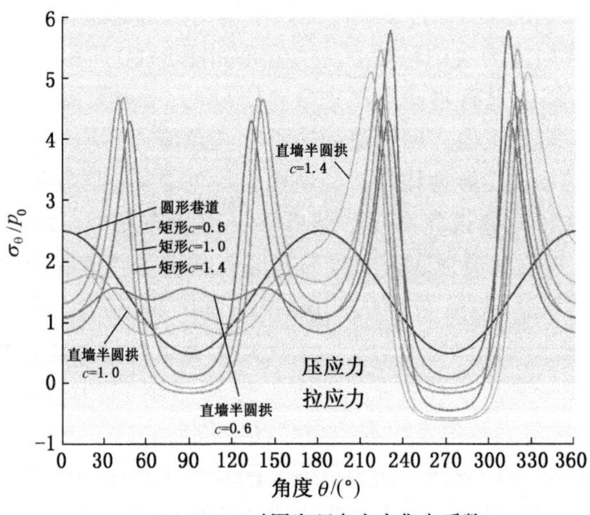

(b) λ=0.5时围岩环向应力集中系数

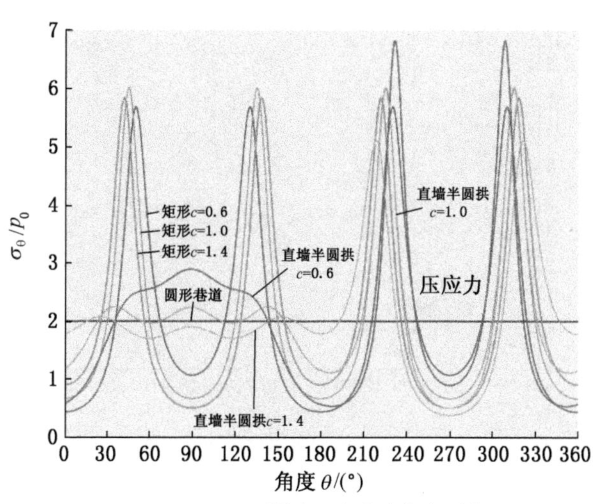

(c) λ=1.0时围岩环向应力集中系数

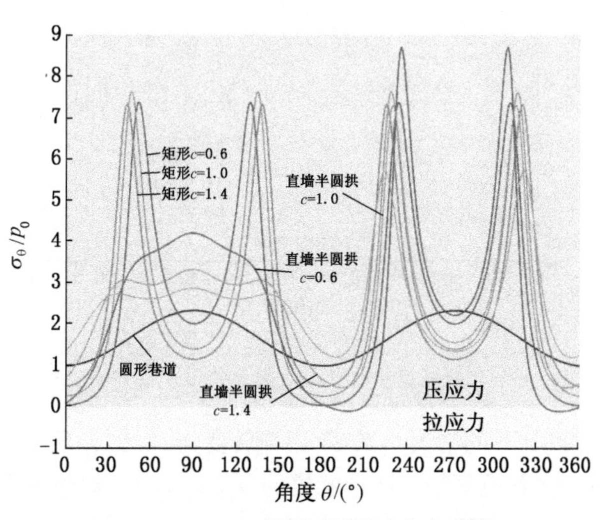

(d) λ=1.5时围岩环向应力集中系数

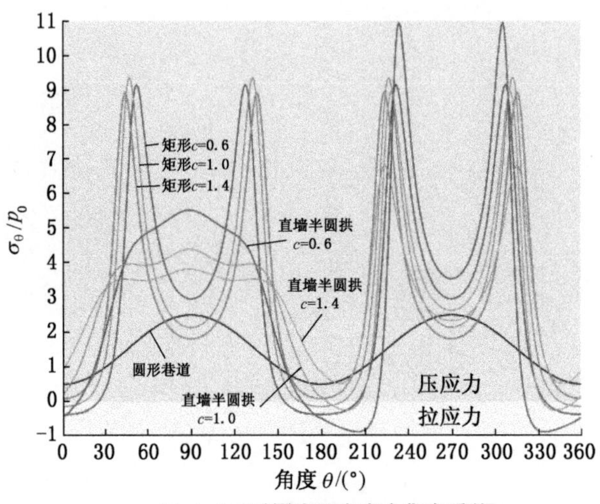

(e) λ=2.0时围岩环向应力集中系数

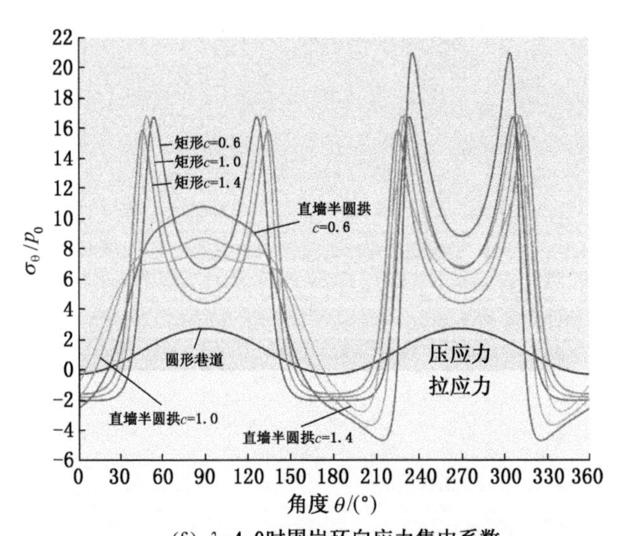

(f) λ=4.0时围岩环向应力集中系数

图 3-10 不同侧压系数下三种形状巷道的围岩应力集中系数分布

σ_θ/p_0 随着巷道宽高比 c 的增大由 0.24 逐渐转变为−0.02，顶板围岩由受压状态转变为受拉状态。在巷道两帮，圆形巷道的 σ_θ/p_0 为 3，数值最大；其次为直墙半圆拱巷道，随着巷道宽高比 c 的增大，σ_θ/p_0 由 1.61 增大至 2.69；矩形巷道的 σ_θ/p_0 最小，随着巷道宽高比 c 的增大，σ_θ/p_0 由 1.24 增大至 1.72。

当侧压系数 $\lambda=0.5$ 时，三种形状巷道围岩周边的环向应力分布规律相同，但拉应力区的范围及拉应力数值均较 $\lambda=0$ 时要小，在巷道两帮，圆形巷道的 σ_θ/p_0 最大，数值大小为 2.5；随着巷道宽高比 c 的增大，直墙半圆拱形巷道与矩形巷道的 σ_θ/p_0 分别从 0.84 增大至 1.31、1.09 增大至 2.22。在巷道顶底板，由于圆形巷道与矩形巷道形状对称，因此这两种形状巷道的 σ_θ/p_0 变化两两对应，顶板与底板波动规律相同，圆形巷道在顶底板的 σ_θ/p_0 为 0.5；矩形巷道顶底板的 σ_θ/p_0 随着巷道宽高比 c 的增大由 0.11 转变为-0.15，围岩由受压状态过渡到受拉状态；直墙半圆拱形巷道顶板的 σ_θ/p_0 随着巷道宽高比 c 的增大由 1.56 减小为 0.93，围岩受压程度逐渐减缓，在直墙半圆拱形巷道底板围岩一直处于受拉状态，随着巷道宽高比 c 的增大 σ_θ/p_0 由-0.43 变为-0.59，围岩所受拉应力逐渐增大。

当侧压系数 $\lambda=1.5$ 时，圆形巷道与矩形巷道周边围岩均处于受压状态，圆形巷道在顶底板达到环向应力集中系数 σ_θ/p_0 的最大值 2.33，两帮的 σ_θ/p_0 为 1。矩形巷道顶底板 σ_θ/p_0 随着巷道宽高比 c 的增大由 2.01 减小至 1.16，同时矩形巷道两帮的 σ_θ/p_0 由 0.03 增大至 0.49，矩形巷道周边最大环向应力集中系数均在四个隅角附近，呈现出先增大后减小的趋势，由于巷道宽高比 c 的增大使得在 $\lambda=1.5$ 时矩形巷道顶底板及两帮围岩应力分布趋于均匀。直墙半圆拱形巷道两帮与顶板的 σ_θ/p_0 随着巷道宽高比 c 的增大分别由 0.07 增加至 1.35、由 4.21 减小至 2.87，两帮的压应力逐渐增大，顶板的压应力逐渐减小，同时底板的 σ_θ/p_0 随着巷道宽高比 c 的增大由 2.22 减小至 1.35，并且最大环向应力集中系数 σ_θ/p_0 出现在直墙下隅角附近，最大值依次为 8.69、7.28、5.72。

侧压系数 $\lambda=2.0$ 与 $\lambda=4.0$ 时巷道应力分布规律相似。侧压系数 $\lambda=2.0$ 时，圆形巷道两帮的 σ_θ/p_0 为 0.5，圆形巷道顶底板的 σ_θ/p_0 为 2.5，顶底板的受压程度大于两帮。矩形巷道两帮的 σ_θ/p_0 随着巷道宽高比 c 的增大由-0.36 转变为 0.08，两帮围岩由拉应力逐步过渡到压应力，顶底板的 σ_θ/p_0 随着巷道宽高比 c 的增大由 2.96 减小为 1.81，受压程度逐步减缓。直墙半圆拱形巷道两帮的 σ_θ/p_0 随着巷道宽高比 c 的增大由-0.43 转变为 0.92，两帮围岩由拉应力逐步过渡到压应力，巷道顶板的 σ_θ/p_0 随着巷道宽高比 c 的增大由 5.53 缩小为 3.83，底板的 σ_θ/p_0 由 3.55 缩小为 2.33，直墙半圆拱形巷道顶底板的压应力逐渐减小。与此类似，$\lambda=4.0$ 时，圆形巷道两帮与顶底板的 σ_θ/p_0 分别为-0.25、2.75，此时顶底板受压而两帮处于受拉状态。矩形巷道两帮与顶底板的 σ_θ/p_0 随着巷道宽高比 c 的增大分别由-1.97 转变为-1.55、由 6.75 减小为 4.43，两帮围岩的拉应力集中程度与顶底板的压应力集中程度均在逐渐减小。直墙半圆拱形巷道两帮的 σ_θ/p_0 随着巷道宽高比 c 的增大由-2.47 转变为-0.79，两帮围岩的拉应力集中程度逐步减小，巷道顶板与底板的 σ_θ/p_0 随着巷道宽高比 c 的增大分别由 10.82 缩小为 7.70、由 8.86 减小至 6.23，巷道顶底板均受压，并且在巷道宽高比 c 相同的条件下，在巷道顶底板中线，顶板的受压程度要大于底板，从整体上看，直墙半圆拱形巷道顶板的应力分布相比于底板要相对均匀。

由于岩石抗压强度远大于抗拉强度导致岩石抗压不抗拉，拉应力的存在极易造成围岩发生拉断破坏，同时巷道个别区域的围岩所受压应力能够数倍于甚至数十倍于地应力，极易发生剪切破坏。这也反映了巷道围岩应力分布的不均匀是巷道发生拉断破坏与剪切破坏的主要原因之一。

由图 3-10 知，矩形巷道与直墙半圆拱形巷道围岩中均有出现较大拉应力的可能，圆形巷道围岩中拉应力的范围及大小均比其他两种形状巷道小，断面形状的选择对拉应力的出现影响较大。当巷道顶板采用拱形后，拱形顶板的应力波动要比矩形巷道顶板平缓，但在未采用曲线平滑过渡的巷道隅角附近仍能够出现数值波动较大的环向压应力集中。

通过上述分析可以发现，巷道表面连接光滑且转角过渡平滑的曲线型断面可以较为明显地减缓围岩应力集中程度，同时也能够缩小巷道围岩拉应力的存在范围、降低拉应力的数值大小，这些对于维护巷道稳定十分有利。因此选择合理的巷道断面形状能够在很大程度上改善围岩的受力状态，减小巷道围岩发生破坏的概率，对维护巷道围岩稳定性十分有利。

综合上述分析，巷道断面形状对于巷道围岩应力分布具有显著影响。圆形巷道围岩应力分布最为均匀，对于巷道支护十分有利；矩形巷道在平缓的两帮及顶底板会出现拉应力，容易发生拉断破坏，隅角附近能产生数倍于地应力的压应力，容易发生剪切破坏；直墙半圆拱形巷道顶板的应力分布明显优于巷道底板，底板的应力分布与矩形巷道底板类似，隅角易出现压应力集中，平缓的底板易发生拉断破坏。同时发现，当巷道断面的长轴方向与较大地应力（水平应力或者垂直应力）平行时，同等条件下巷道围岩的应力分布相对来讲是最合理的。

4 深部巷道等强支护控制理论模型研究

深部巷道破坏很大程度取决于人为因素，断面形状、支护方式与质量均影响支护效果，机械地使用一种或几种支护形式控制巷道围岩变形，既可能造成支护的浪费，又可能导致受力较大处支护失效。本章基于“等强度梁”力学概念，构建深部巷道等强梁支护模型，推导顶板维持稳定所需的支护参数。在不同形状巷道围岩受力特征的基础上，进一步建立深部巷道等强支护控制概念模型，以期实现围岩能够达到安全且与地应力比相匹配的等效应力强度状态，获得应力分布趋于均匀、围岩塑性区范围均衡的理想状态，分析不同支护控制方式的作用机理，为深部巷道围岩控制提供理论和实践指导。

4.1 材料力学中等强度梁定义

在工程应用中存在着大量承受弯曲的结构或构件，当这些结构或构件受外力或者力偶的作用后原为直线的轴线变形成曲线称为弯曲变形，同时以弯曲变形为主的结构或构件统称为梁。为了计算梁的应力，首先通过平衡方程，确定出作用在梁上的支座约束力，即可用截面法计算梁在载荷作用下任意横截面上的剪力和弯矩。

通常情况下，剪力与弯矩随横截面位置的变化数值也会不同，为表示横截面上的剪力与弯矩，引入剪力方程与弯矩方程：

$$\left.\begin{aligned} F_s &= F_s(x) \\ M &= M(x) \end{aligned}\right\} \tag{4-1}$$

式中 F_s——梁的剪力；

$F_s(x)$——梁的剪力方程；

M——梁的弯矩；

$M(x)$——梁的弯矩方程；

x——沿着梁的轴线横截面的所在位置。

以图 4-1a 所示简支梁为例，在梁 AB 上作用有均布荷载 q，由于荷载与支反力均对称，此时根据平衡条件 $\sum F_y = 0$，梁 AB 的两支反力为：$F_A = F_B = \dfrac{ql}{2}$，取端点 A 为坐标原点，则距离坐标原点 x 的横截面上梁 AB 的剪力方程 $F_s(x)$ 与弯矩方程 $M(x)$ 分别为：

$$\left.\begin{aligned} F_s(x) &= \frac{ql}{2} - qx \quad (0 < x < l) \\ M(x) &= \frac{ql}{2}x - \frac{qx^2}{2} \quad (0 \leqslant x \leqslant l) \end{aligned}\right\} \tag{4-2}$$

根据式（4-2），获得梁 AB 的剪力图与弯矩图，如图 4-1b 所示。简支梁的剪力图为一条斜直线，在支座 A、B 内侧（$x=0$ 与 $x=l$）横截面上剪力取得最大值$\dfrac{ql}{2}$，在梁中点$\left(x=\dfrac{l}{2}\right)$横截面上剪力为 0；弯矩图是一条二次抛物线，在支座 A、B 内侧横截面上弯矩为 0，在梁的中点横截面上弯矩取得最大值$\dfrac{ql^2}{8}$。

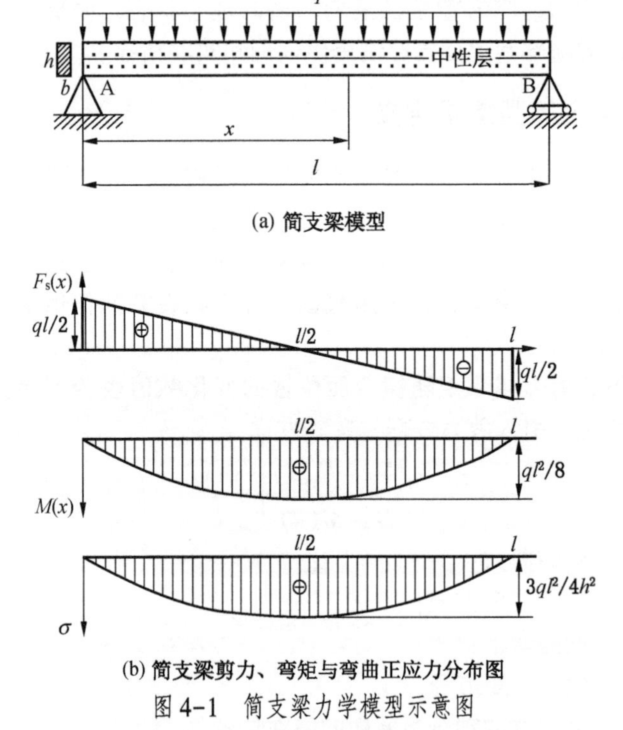

(a) 简支梁模型

(b) 简支梁剪力、弯矩与弯曲正应力分布图

图 4-1　简支梁力学模型示意图

当梁的变形与受力满足弯曲平面假设与单向受力假设后，梁 AB 在纯弯曲时

横截面上任意一点的弯曲正应力为：

$$\sigma = \frac{M(x)y}{I_z} \tag{4-3}$$

式中　$M(x)$——梁 AB 横截面上的弯矩；

y——梁 AB 横截面上任意点到中性层的距离；

I_z——梁 AB 横截面对中性轴的惯性矩，若横截面为矩形，其宽与高分别为 b、h，则 $I_z = \frac{bh^3}{12}$。弯曲正应力 σ 符号规定：拉应力为正值，压应力为负值。

由式（4-3）可知，横截面上的点离中性轴越远，弯曲正应力 σ 数值越大，即：

$$\sigma_{max} = \frac{M_{max}(x)y_{max}}{I_z} \tag{4-4}$$

引入抗弯截面系数 W，$W = \frac{I_z}{y_{max}}$，则 $\sigma_{max} = \frac{M_{max}(x)}{W}$。由此可知，最大弯曲正应力 σ_{max} 与弯矩成正比，与抗弯截面系数 W 成反比，并且抗弯截面系数 W 体现了梁 AB 横截面大小与形状对弯曲正应力 σ_{max} 的影响。

弯曲正应力的强度条件为：

$$\sigma_{max} = \frac{M_{max}}{W} \leqslant [\sigma] \tag{4-5}$$

式中　$[\sigma]$——材料的许用强度。

如果材料的抗压强度与抗拉强度相同，只需要最大正应力小于许用强度就可处于稳定状态，如果材料的抗压强度与抗拉强度不同，则最大正应力均需要小于二者的许用强度，针对岩石材料来说，通常指的是最大正应力不能超过岩石抗拉强度。

由式（4-4）、式（4-5）知，梁弯曲时，横截面上的弯矩随着横截面位置的不同其数值大小也会发生变化。针对等截面梁来讲最大弯曲正应力只会出现在弯矩最大值的横截面上且距离中性轴最远的位置，如果只有最大弯矩所在的横截面最大弯曲正应力达到材料的许用强度，那么弯矩较小的其余横截面上最大弯曲正应力均不会超过材料的许用强度。因此，在工程应用中，可根据弯矩的分布规律改变横截面的尺寸，使得抗弯截面系数 W 能够随着弯矩的变化发生相应改变，弯矩比较大的部位增大横截面尺寸，弯矩相对较小的部位适当缩小横截面尺寸。若变截面梁中任意横截面上的最大弯曲正应力都相等并且均为材料的许用强度，按照这种标准设计的理想化变截面梁称之为等强度梁。

将横截面为矩形且横截面高 $h(x)$、宽 b 的简支梁设计成等强度梁（图 4-2），需满足：

$$\sigma_{\max}=\frac{M(x)}{W(x)}=\frac{M(x)}{\frac{bh^2(x)}{6}}\leqslant[\sigma] \tag{4-6}$$

$$h(x)=\sqrt{\frac{6M(x)}{b[\sigma]}} \tag{4-7}$$

式中　$W(x)$——变截面梁任意横截面的抗弯截面系数；

其余符号意义同上。

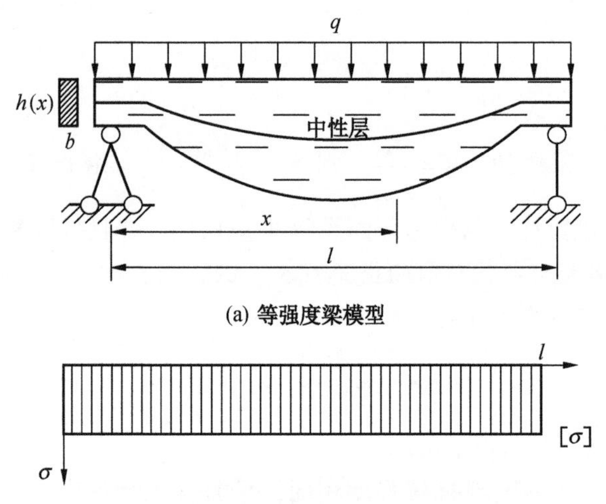

图 4-2　等强度梁力学模型示意图

同时由于在两支座附近存在最大剪力，按照切应力强度条件获得支座处的最小截面高度 $h_{\min}$：

$$\tau_{\max}=\frac{3F_s}{2bh_{\min}} \tag{4-8}$$

$$h_{\min}=\frac{3F_s}{2b[\tau]} \tag{4-9}$$

式中　$\tau_{\max}$——最大切应力；

$[\tau]$——材料的许用切应力；

其余符号意义同上。

由此就可以设计出符合标准的理想化等强度梁，如图 4-2 所示。此时等强度梁上任意横截面的最大弯曲正应力都等于材料的许用强度 $[\sigma]$。

4.2 深部矩形巷道等强梁支护理论模型

4.2.1 深部矩形巷道顶板受力分析

巷道开挖后，顶板上覆岩层在顶板压力 Q 作用下发生弯曲下沉。为分析巷道顶板岩层受力，将顶板简化为简支梁模型，梁的横截面近似简化为矩形。设简支梁跨度为 $2a$，高度为 h，梁上部受均布荷载 $q=\dfrac{Q}{2a}$，如图 4-3 所示。为便于分析，简支梁的受力分析按照平面应变问题处理。

由平衡条件，得出距坐标原点 O 为 x 的横截面上剪力方程 $F_s(x)$ 与弯矩方程 $M(x)$ 的表达式为：

$$
\begin{aligned}
F_s(x) &= \frac{Q}{2a}(a-x) \quad (0<x<2a) \\
M(x) &= \frac{Qx}{4a}(2a-x) \quad (0 \leqslant x \leqslant 2a)
\end{aligned}
\tag{4-10}
$$

在弯矩 $M(x)$ 作用下，顶板发生弯曲下沉，由静力关系，顶板所受弯曲正应力 σ 由式（4-3）求出。

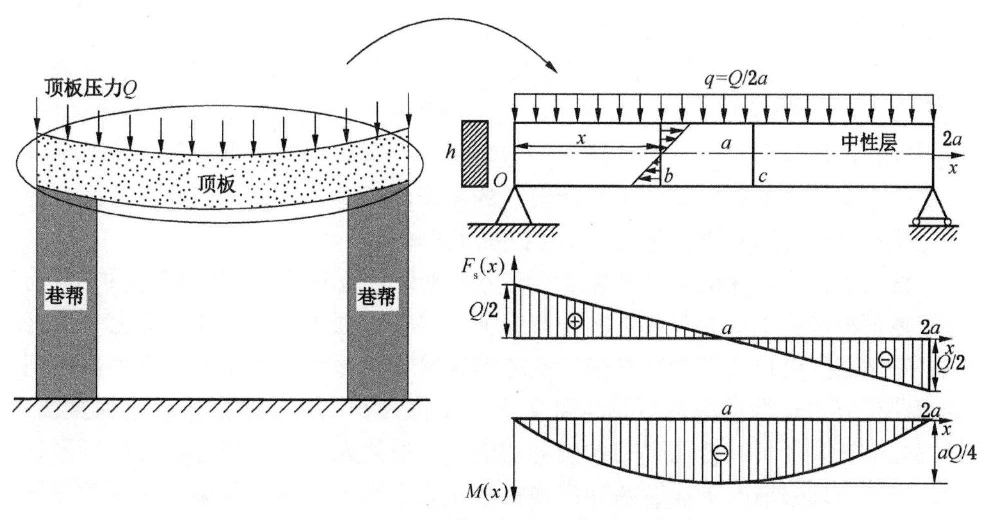

图 4-3 巷道顶板力学简化模型示意图

由图 4-3 可知，顶板所受最大弯矩位于其中部位置，即在 $x=a$ 的横截面上存在最大弯矩，为$\frac{aQ}{4}$；在巷道顶板与两帮的角部位置存在最大剪力，即在 $x=0$ 和 $x=2a$ 的横截面上存在最大剪力，为$\frac{Q}{2}$。在图 4-3 所示的顶板 bc 段横截面上，以中性层为界，同一横截面上的最大弯曲正应力存在于距离中性层最远处。对于整个顶板来讲，由于顶板中部位置（$x=a$）横截面所受弯矩最大，理论上该截面 $y=\pm\frac{h}{2}$处的弯曲正应力是整个顶板的最大值，为 $\sigma_{max}=\frac{3aQ}{2h^2}$。

以上分析发现，在巷道顶板与巷道两帮的角部位置由于剪力达到最大值$\frac{Q}{2}$，因此在该处顶板易发生剪切破坏；在巷道顶板中部位置，弯曲正应力出现最大值 $\sigma_{max}=\frac{3aQ}{2h^2}$，考虑到岩石抗拉强度远小于其抗压强度，由此在巷道顶板中部易发生拉断破坏。

4.2.2 深部矩形巷道等强梁支护模型

目前，煤矿巷道大多采用传统的等长度锚杆进行支护，如图 4-4a 所示。尽管等长度锚杆支护能较好地控制巷道围岩变形，保持巷道稳定，但顶板任意位置均使用同种参数锚杆，没有按照顶板的受力特点有针对性地进行支护，一定程度上造成了锚杆支护强度过剩，支护成本增加。

针对巷道顶板受力特征，对于等截面梁，由图 4-3、式（4-3）知，横截面上最大弯矩随截面位置变化而变化，在巷道顶板中部弯曲正应力出现最大值，可视为易破坏位置；其余各截面上的弯矩较小，弯曲正应力也较低，等长度锚杆支护形成等截面梁后其发生拉断破坏的概率小于巷道中部，因此该截面上的锚杆没有得到合理利用，造成锚杆支护强度过剩。

根据上述分析并结合“等强度梁”力学概念，提出了锚杆等强梁支护理论，即根据顶板弯曲正应力与剪力的分布特征，在巷道顶板中部弯曲正应力大的区域，采用高强度长锚杆局部加强，使之形成较大横截面；从巷道顶板中部向两侧弯曲正应力逐渐减少的区域，可适当减小锚杆长度，使之形成较小横截面，但增加锚杆直径用以提高顶板的抗剪切能力，通过在巷道顶板各处安设不同长度的锚杆，理想情况下能够在巷道顶板形成一个弧形的变截面梁，在变截面梁的支护作用下以期实现巷道顶板各横截面在不同长度锚杆支护作用下最大弯曲正应力都相等，将其称为锚杆等强梁支护。

通过在顶板不同位置安设长度不等的锚杆，以弯曲应力理论为基础，以最大应力为控制条件，得到顶板等强梁支护设计原则如下式：

$$\sigma_m = \frac{M_D(x)}{W_D(x)} = \frac{M_D(x) \cdot y}{I_{Dz}(x)} \tag{4-11}$$

式中　σ_m——许用应力；

$M_D(x)$——顶板岩梁所受弯矩；

$W_D(x)$——顶板抗弯截面系数；

$I_{Dz}(x)$——顶板横截面对岩梁中性轴的惯性矩；

y——顶板横截面上任意点到中性层的距离。

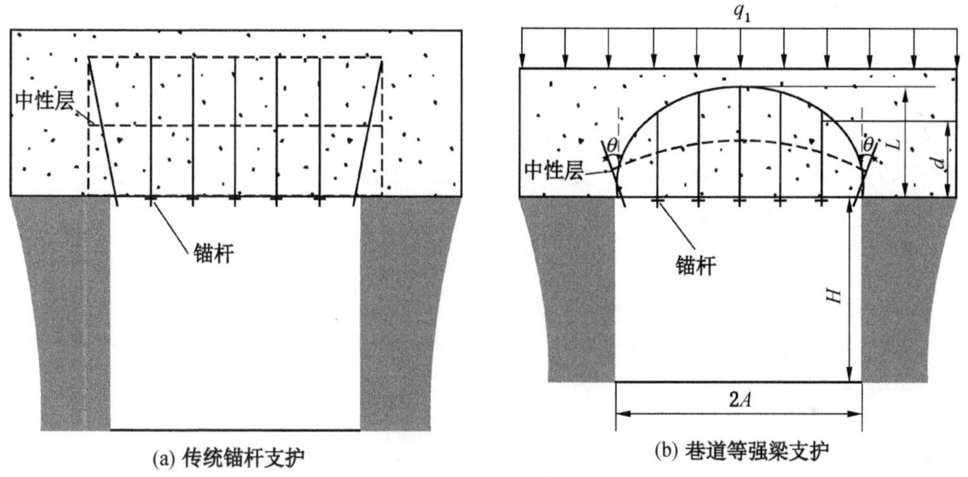

图 4-4　锚杆支护示意图

顶板中部弯矩 $M_D(x)$ 最大，由式（4-11）可知，在该位置安设高强度长锚杆进行支护，使锚杆锚固形成的岩梁惯性矩 $I_{Dz}(x)$ 在该位置最大；从顶板中部向两侧，弯矩 $M_D(x)$ 逐渐减小，根据式（4-11），在这些区域安设长度逐渐减小的锚杆，锚固形成的岩梁惯性矩 $I_{Dz}(x)$ 就会逐渐缩小，最终在弯矩最大处得到最大的惯性矩，在弯矩较小处对应较小的惯性矩，即让抗弯截面系数 $W_D(x)$ 随弯矩变化而变化，在弯矩较大处形成较大横截面，在弯矩较小处形成较小横截面，以达到各横截面上最大正应力都相等的目的。考虑到巷道顶板与两帮的角部位置存在最大剪力，为防止顶板沿角部位置发生剪切破坏，此处锚杆长度虽有所减小，但选用杆体直径较大的锚杆且锚杆与垂直方向呈一定角度 θ，实践证明，θ 通常取为 10°~30°。则锚杆支护形成的顶板岩梁中性层由图 4-4a 中等截面岩梁的水平中性层偏移成图 4-4b 中变截面岩梁的弧形中性层，从而在理论上形成顶板岩梁任意横截面上最大应力在不超过岩梁许用应力的基础上大致相等，上述即是本节提出的等强梁支护理论主要思想。

4.2.3 深部矩形巷道等强梁支护理论力学分析

1. 深部巷道等强梁支护受力分析

巷道开挖后，顶板岩层承载了来自巷道顶部的压力，假设巷道宽度为 $2A$，岩层厚度为 d，顶板岩层受均布荷载 q_1 的作用，如图 4-4b 所示。对于图 4-4b 所示的顶板岩层受力情况，由式（4-10）得均布荷载 q_1 产生的弯矩 $M_1(x)$：

$$M_1(x)=\frac{q_1 x}{2}(2A-x)\quad(0\leqslant x\leqslant 2A) \tag{4-12}$$

根据式（4-3）可得到顶板岩层所受弯曲正应力 σ_a：

$$\sigma_a=\frac{3q_1 x(2A-x)}{d^2} \tag{4-13}$$

由于岩石抗拉强度远小于其抗压强度，当巷道围岩中出现拉应力区时，该区域发生破坏的概率要远大于围岩压应力区。因此，在巷道无支护的情况下，顶板岩层发生破坏的极限条件为：

$$\sigma_a=\sigma_t \tag{4-14}$$

式中 σ_t——巷道顶板岩层的抗拉强度。

结合式（4-13）、式（4-14），可以获得巷道顶板任意位置形成等强梁所需的最小岩层厚度 d：

$$d=\sqrt{\frac{3q_1 x(2A-x)}{\sigma_t}} \tag{4-15}$$

考虑到实际工程中巷道顶板岩层的完整程度以及巷道两帮的变形破坏极易造成巷道顶板的实际跨度增大，所以巷道顶板锚杆的有效长度 L 为

$$L=m\sqrt{\frac{3q_1 x(2A-x)}{\sigma_t}} \tag{4-16}$$

式中 L——锚杆长度，m；

m——安全系数。

式（4-16）中作用在矩形巷道的均布荷载 q_1 按照下式计算：

$$q_1=\gamma\left\{R_w\left[\frac{(p_0+c\cot\phi)(1-\sin\phi)}{c\cot\phi}\right]^{\frac{1-\sin\phi}{2\sin\phi}}-\frac{H}{2}\right\} \tag{4-17}$$

式中 γ——顶板岩层平均重力密度，通常取 27 kN/m^3；

R_w——巷道外接圆半径；

p_0——来自于上覆岩层的垂直应力；

c——顶板岩层黏聚力；

ϕ——顶板岩层内摩擦角；

H——巷道高度。

作用在上覆岩层的垂直应力 p_0 由下式得：

$$p_0 = \frac{E_1 h_1^3 (\gamma_1 h_1 + \gamma_2 h_2 + \cdots + \gamma_n h_n)}{E_1 h_1^3 + E_2 h_2^3 + \cdots + E_n h_n^3} \tag{4-18}$$

式中　E_n——巷道上方第 n 层岩层的弹性模量；

h_n——巷道上方第 n 层岩层的厚度；

γ_n——巷道上方第 n 层岩层的重力密度。

当 $p_n > p_{n+1}$ 时，则 $p_0 = p_n$，即应考虑该岩层上方 n 层对第 1 层的影响，第 $n+1$ 层本身强度大、岩层厚，对第 1 层载荷不起作用。

由不同长度锚杆的锚固作用，在巷道顶板形成横截面大小随位置变化的等强梁，顶板即会在锚杆作用下处于稳定状态，保证锚杆对顶板的锚固作用是有效的，从而形成锚杆等强梁支护理论。

2. 等强梁支护锚杆长度参数敏感性分析

通过上文分析知，影响锚杆长度选取的因素较多，不同因素对锚杆长度选取的影响程度也存在一定差异。为确定各因素对锚杆选取影响程度的主次关系，引入了无量纲形式的敏感度因子 $S_k(\alpha_k)$ 对各因素的敏感性进行排序，从而区分主要和次要因素。通常敏感度因子 $S_k(\alpha_k^*)$ 按照下式获得：

$$S_k(\alpha_k^*) = \left| \frac{\mathrm{d}P_k(\alpha_k)}{\mathrm{d}\alpha_k} \right|_{\alpha_k = \alpha_k^*} \frac{\alpha_k^*}{P_k(\alpha_k^*)} \quad (k = 1, 2, \cdots, n) \tag{4-19}$$

式中　$S_k(\alpha_k^*)$——影响因素 α_k 取基准值 α_k^* 时的敏感度因子；

$P_k(\alpha_k)$——包含影响因素 α_k 的系统特性函数；

$P_k(\alpha_k^*)$——影响因素 α_k 取基准值 α_k^* 时的系统特性值。

根据式（4-19）可知，$S_k(\alpha_k^*)$ 为一组无量纲的非负实数，如果该参数的数值越大，则说明在基准状态下系统特性函数 $S_k(\alpha_k)$ 对于因素 α_k 就越敏感，也即因素 α_k 对系统特性函数 $P_k(\alpha_k)$ 影响越大。通过对敏感度因子 $S_k(\alpha_k^*)$ 的对比分析，就能够确定影响系统特性的主要因素。

将锚杆长度 L 作为系统特性函数 $P_k(\alpha_k)$，分别以巷道高度 H、巷道宽度 $2A$、上覆岩层的垂直应力 p_0、顶板岩层的黏聚力 c、内摩擦角 ϕ、抗拉强度 σ_t 作为锚杆长度的影响因素 α_k，选取目前煤矿常用的 Q235、16Mn、20MnSi、25MnSi 四种材质的锚杆，以巷道顶板中心位置所需锚杆长度为例，讨论系统特性函数对各影响因素的依赖程度。各影响因素的基准值依次为巷道高度 $H^*=3.5$ m，巷道宽度 $2A^*=5$ m，上覆岩层垂直应力 $p_0^*=21.6$ MPa，顶板岩层的黏聚力 $c^*=6.4$ MPa、内摩擦角 $\phi^*=24°$、抗拉强度 $\sigma_t^*=2.2$ MPa。在分析某个指定影响因素对锚杆长度的影响时，其余因素均取基准值且固定不变。

由图4-5a可知，随着巷道高度 H 的增加，锚杆长度 L 略有减小，巷道高度 H 对锚杆长度 L 的影响较小；从图4-5b、图4-5c可以发现，锚杆长度 L 随巷道宽度 $2A$ 的增大、岩层垂直应力 p_0 的增长而逐渐增加，锚杆长度 L 随前者增加的幅度大于后者；由图4-5d~图4-5f可以看出，锚杆长度 L 的选取与顶板岩层的

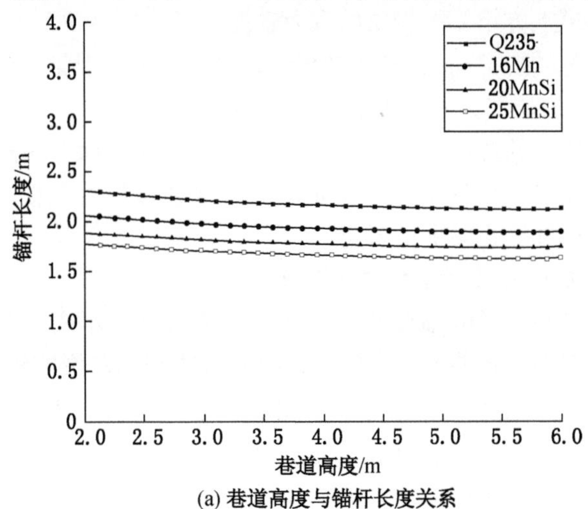

(a) 巷道高度与锚杆长度关系

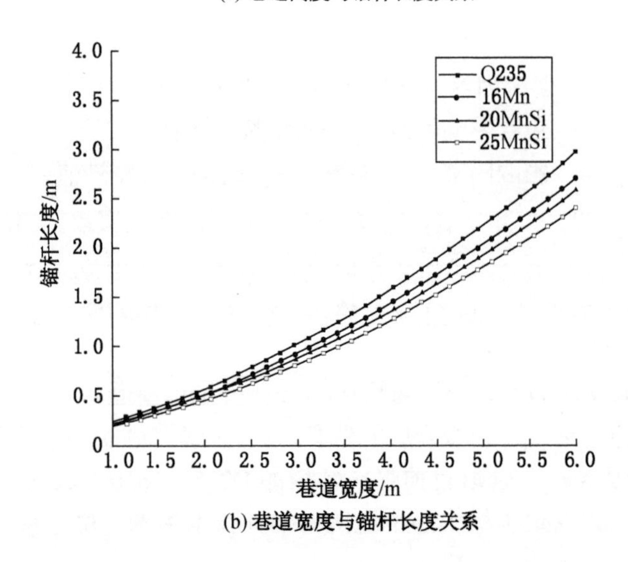

(b) 巷道宽度与锚杆长度关系

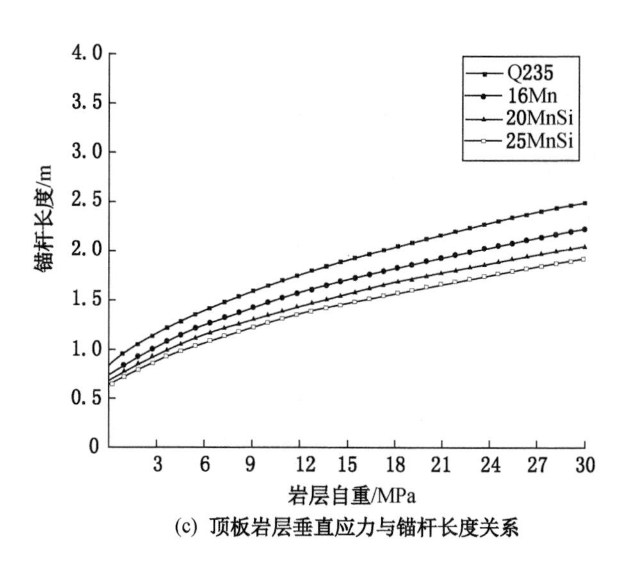

(c) 顶板岩层垂直应力与锚杆长度关系

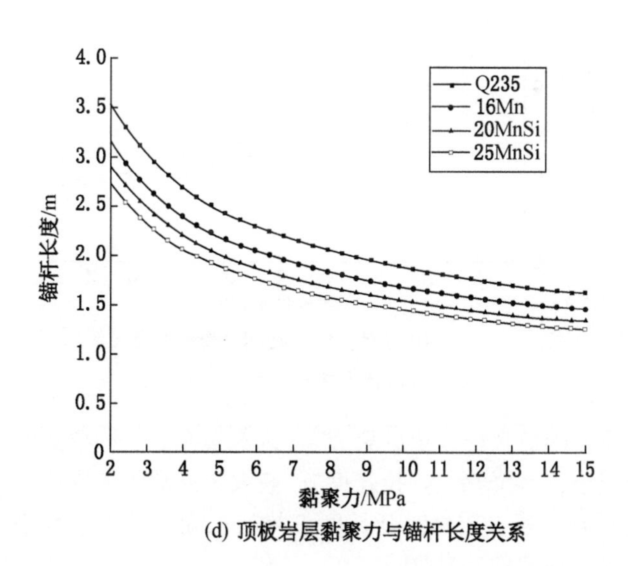

(d) 顶板岩层黏聚力与锚杆长度关系

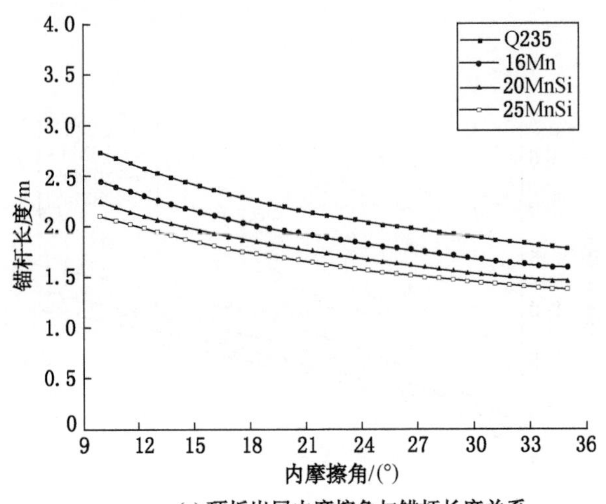

(e) 顶板岩层内摩擦角与锚杆长度关系

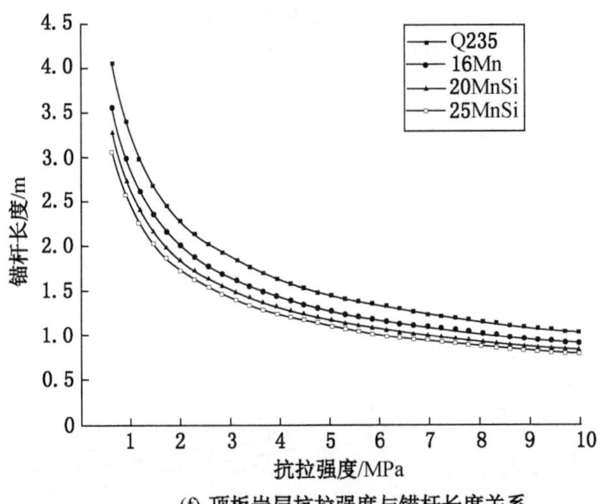

(f) 顶板岩层抗拉强度与锚杆长度关系

图 4-5　锚杆长度随各因素变化曲线

性质有很大关系，随着顶板岩层黏聚力 c、内摩擦角 ϕ、抗拉强度 σ_t 的增加，锚杆长度 L 逐渐减小，且降幅以抗拉强度 σ_t 最大，黏聚力 c 次之，内摩擦角 ϕ 最小。由图 4-5 可知，各参数对锚杆长度 L 均有一定的影响，但各参数对于锚杆长度 L 的影响具有一定的差异性。

以 Q235 材质锚杆为例进行说明，根据式（4-19）计算各参数对锚杆长度 L 的敏感度因子，获得巷道高度 H、巷道宽度 $2A$、上覆岩层的垂直应力 p_0、顶板岩层的黏聚力 c、内摩擦角 ϕ、抗拉强度 σ_t 对锚杆长度 L 的敏感度因子分别为

0.0898、1.578、0.3852、0.3877、0.2831、0.5。由敏感度因子的大小可以得出，以上分析的六个参数对锚杆长度 L 影响程度的顺序为：巷道宽度 $2A$ >抗拉强度 σ_t >黏聚力 c >上覆岩层垂直应力 p_0 >内摩擦角 ϕ >巷道高度 H。

由上述分析知，巷道宽度 $2A$ 对锚杆长度 L 的选取具有显著影响，同时，巷道围岩的性质，尤其是围岩的抗拉强度 σ_t 与黏聚力 c，对于锚杆长度 L 的选择也是不可忽视的因素，巷道高度 H 在一定的取值范围内对锚杆长度 L 的影响不明显，可将其视为次要因素，优先考虑其他因素对锚杆长度 L 的影响。

4.2.4 典型工程等强梁支护参数设计

以潞安某矿为例，其开采深度为 400~600 m，主采 3 号煤层，平均厚度为 5.45 m，煤层顶板是炭质泥岩和砂质页岩，底板为砂质泥岩。井田地质构造比较复杂，以简单开阔的褶皱伴有较密集的大、中型断层为主。该矿 7801 工作面轨道巷与运输巷均为矩形巷道，断面尺寸为 5 m×3.5 m，该工作面顶底板岩性特征见表 4-1。

表 4-1 7801 工作面煤岩力学参数表

岩性	厚度/m	剪切模量/GPa	体积模量/GPa	内摩擦角/(°)	内聚力/MPa	抗拉强度/MPa
泥岩	1.50	12.9	28.0	22	5.60	2.3
砂岩	5.06	34.2	42.0	37	11.0	5.2
泥砂岩互层	5.67	28.0	27.5	24	6.70	2.2
3 号煤	5.45	14.7	15.0	17	1.40	2.0
泥岩	3.80	12.9	28.0	22	5.60	2.3
砂质泥岩	3.46	15.5	30.0	25	7.00	2.7

基于锚杆等强梁支护理论对巷道进行锚杆支护设计，结合被支护巷道的地质条件，巷道高度 $H=3.5$ m，巷道宽度 $2A=5$ m，巷道外接圆半径 $R_w=3.05$ m，由式（4-17）计算出作用在矩形巷道上的载荷 $q_1=62.28$ kPa，取 $m=3$。由式（4-16）确定出顶板不同位置所需安设的锚杆长度 L 得：

$$L = \sqrt{0.76x(5 - x)} \tag{4-20}$$

由式（4-20）得出的锚杆长度可能不符合《煤矿巷道锚杆支护技术规范》（GB/T 35056—2018）中规定的锚杆长度，因此，在计算出锚杆长度后，选用与之最接近且符合规范的锚杆长度作为最终选用长度。

锚杆锚固力 P 按下式计算：

$$P = \pi \times \phi_k \times \sigma_n \times L_m \tag{4-21}$$

式中 ϕ_k——钻孔孔径，根据锚杆与岩体锚固“三径”匹配结果优先选用 0.030 m；

σ_n——孔壁与锚固剂之间的黏结强度，取 2.5 MPa；

L_m——锚固长度，取 0.5 m。

经计算得锚固力 P 为 110 kN。

由锚杆承载力与锚杆锚固力相等原则确定锚杆直径 D，计算公式如下：

$$D=\sqrt{\frac{4P}{\pi\sigma_{tm}}} \tag{4-22}$$

式中 P——锚杆锚固力，MN；

σ_{tm}——锚杆杆体的抗拉强度，MPa。

左旋无纵筋螺纹钢材质锚杆抗拉强度为 500 MPa，代入式（4-22）得：$D=16.7$ mm，安全系数取 1.2，确定锚杆直径 D 为 20 mm，考虑到顶板与两帮的角部位置存在较大剪力，因此在角部位置选用直径为 24 mm 的锚杆且向两帮倾斜 15°。

锚杆间排距用下式计算：

$$l=t\leqslant 0.4L \tag{4-23}$$

式中 l、t——锚杆间、排距，m。锚杆间排距为 0.8 m×0.8 m。

由于普通锚杆只有在围岩变形后才能起到加固作用，而此时变形已经发生，无助于恢复或提高围岩整体强度。因此，在锚杆等强梁支护中优先选用预应力锚杆，采用端部锚固形式。通过前人研究表明，锚杆预应力在 90~100 kN 时，可有效控制顶板下沉。由于巷道中部所受拉应力较大，设定锚杆预应力为 100 kN，向巷道两侧，锚杆预应力设定为 90 kN。总体上，巷道顶板中部要求预应力大，越靠近两侧预应力可适当减小。由此确定了巷道锚杆支护参数表（表 4-2），巷道锚杆等强梁支护施工示意图，如图 4-6 所示。

表 4-2 7801 工作面巷道锚杆支护参数表

与巷帮之间距离/m	锚杆参数				
	长度/m	锚固力/kN	杆体直径/mm	间排距/m	预应力/kN
0.1	1.4	110	24	0.8×0.8	90
0.9	1.8		20		90
1.7	2.0		20		100
2.5	2.2		20		100
3.3	2.0		20		100
4.1	1.8		20		90
4.9	1.4		24		90

按照表 4-2 及图 4-6 所示对巷道顶板进行支护，从拉应力最大的顶板中部向两侧依次打钻并根据不同位置安设相应长度的预应力锚杆，锚杆安装后即可对围岩施加一定的压应力，从而控制围岩变形的发展，提高围岩稳定性。

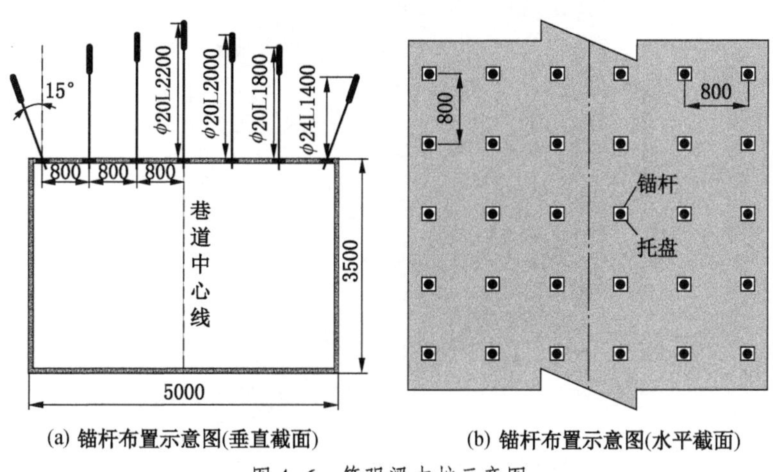

(a) 锚杆布置示意图(垂直截面)　　(b) 锚杆布置示意图(水平截面)

图 4-6　等强梁支护示意图

4.2.5　不同深度巷道等强梁支护模拟分析

1. 计算模型及计算参数

选用有限差分软件 FLAC^{3D} 对巷道顶板在无支护、锚杆传统支护与等强梁支护条件下的变形、受力进行数值模拟，对比分析等强梁支护理论的支护效果，进一步验证锚杆等强梁支护设计的合理性。

以潞安某矿 7801 工作面地质条件为背景，建立长×宽×高分别为 30 m×5 m×50 m 的 FLAC^{3D} 数值计算模型，模拟埋深在 400 m、600 m、800 m、1000 m 条件下，巷道宽度分别为 3 m、4 m、5 m、6 m 的矩形巷道锚杆支护下围岩应力分布及变形，计算模型如图 4-7 所示。三维模型的边界条件取为：四周与底部采用固定边界，上部为自由边界。对不同埋深、不同尺寸的巷道顶板进行锚杆传统支护和等强梁支护的数值模拟。

由上文得巷道锚杆等强梁支护所需的锚杆参数见表 4-3。锚杆锚固力取 110 kN、杆体直径取 20 mm，角部锚杆杆体直径取 24 mm、间排距取 0.8 m×0.8 m、预应力按照巷道中部 100 kN、两侧 90 kN 来选取。

2. 垂直位移计算结果分析

以埋深 400 m、巷宽 4 m 的模拟结果为例，给出了垂直位移分布图，如图 4-8 所示。从图 4-8 可知，锚杆传统支护与等强梁支护下的垂直位移分布相似，

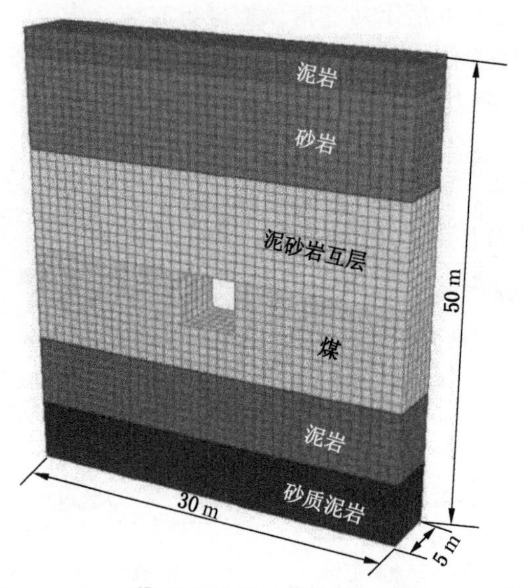

图 4-7　FLAC3D 数值模拟计算模型（巷宽 4 m 为例）

表 4-3　巷道锚杆等强梁支护所需锚杆参数

埋深/m	巷道宽度/m			
	3	4	5	6
400	1.4、1.6、1.4	1.4、1.6、1.8、1.6、1.4	1.6、1.8、2.0、1.8、1.6	1.8、2.0、2.2、2.2、2.2、2.0、1.8
600	1.4、1.6、1.4	1.4、1.6、1.8、1.6、1.4	1.6、1.8、2.0、1.8、1.6	1.8、2.0、2.2、2.4、2.2、2.0、1.8
800	1.6、1.8、1.6	1.6、1.8、2.0、1.8、1.6	1.8、2.0、2.2、2.0、1.8	2.0、2.2、2.4、2.4、2.4、2.2、2.0
1000	1.8、2.0、1.8	1.8、2.0、2.0、2.0、1.8	2.0、2.2、2.4、2.2、2.0	2.2、2.4、2.6、2.6、2.6、2.4、2.2

传统支护下的顶板位移较等强梁支护要小但总体数值相差较小，顶板垂直位移整体上在两种支护形式下没有发生较明显差别。

为定量分析模拟结果，给出了巷道顶板在无支护、锚杆传统支护与等强梁支护下的垂直位移分布模拟结果如图 4-9 所示，顶板支护后较未支护的垂直位移减小量见表 4-4。

由图 4-9 可知，在无支护情况下，巷道宽度一定时，随着埋深由 400 m 增

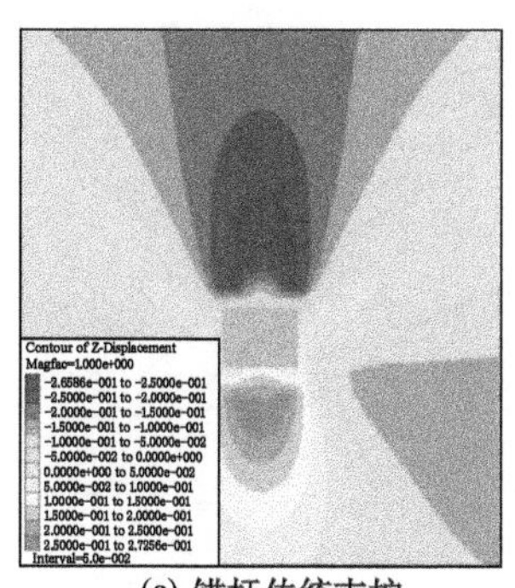

(a) 锚杆传统支护

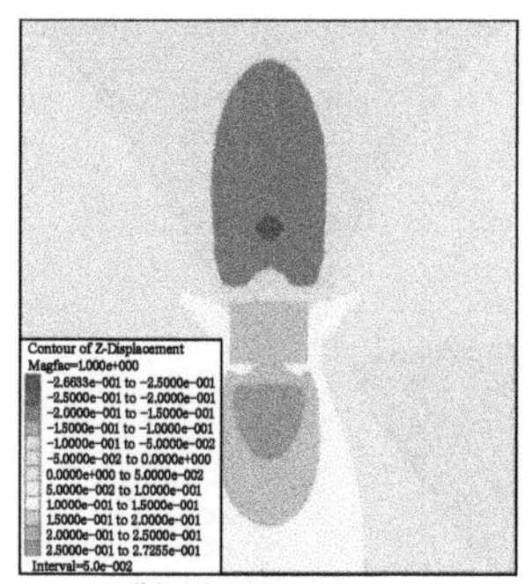

(b) 等强梁支护

图 4-8　两种支护形式下巷道顶板垂直位移对比

加至 1000 m，巷道顶板变形量逐渐增大，且呈现巷道中部变形量大于两侧变形量；巷道埋深一定，巷道宽度由 3 m 扩大至 6 m 时，顶板变形量也随之增大，且顶板中部变形量最大，向两侧变形量逐渐减小。

由表 4-4 可以发现，锚杆支护后巷道顶板的垂直位移较无支护条件下均明显减小，降幅均超过 20%。其中，锚杆等强梁支护下巷道顶板垂直方向的位移减小量小于原有传统支护下的位移，两者差值在 0.12%～0.64%之间。这主要是由于等强梁支护采用长度不等的锚杆，导致相对较短锚杆控制的顶板范围较小，使顶板产生大于原有传统支护下的垂直位移。但增幅较小，增幅在 1%内，可认为两种支护形式下巷道顶板处在相似的稳定状态。

表 4-4　顶板支护后较未支护的垂直位移减小量

埋深/m		巷道宽度/m			
		3	4	5	6
400	传统	29.73%	25.44%	20.88%	25.19%
	等强	29.09%	25.32%	20.23%	24.57%
600	传统	28.41%	26.11%	23.15%	23.75%
	等强	27.89%	25.72%	22.90%	23.30%
800	传统	27.02%	26.00%	23.45%	23.66%
	等强	26.51%	25.55%	23.39%	23.24%
1000	传统	26.60%	26.75%	23.58%	24.32%
	等强	26.06%	26.43%	23.21%	23.85%

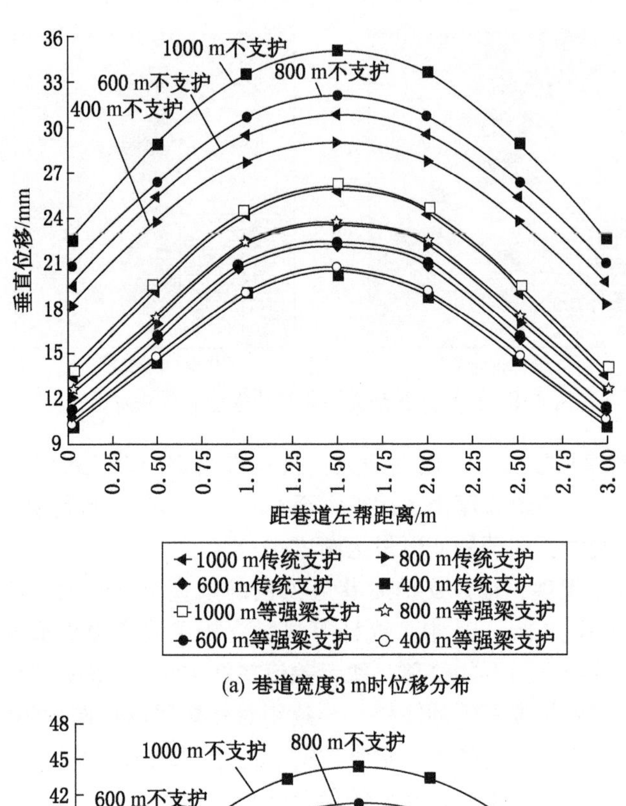

(a) 巷道宽度3 m时位移分布

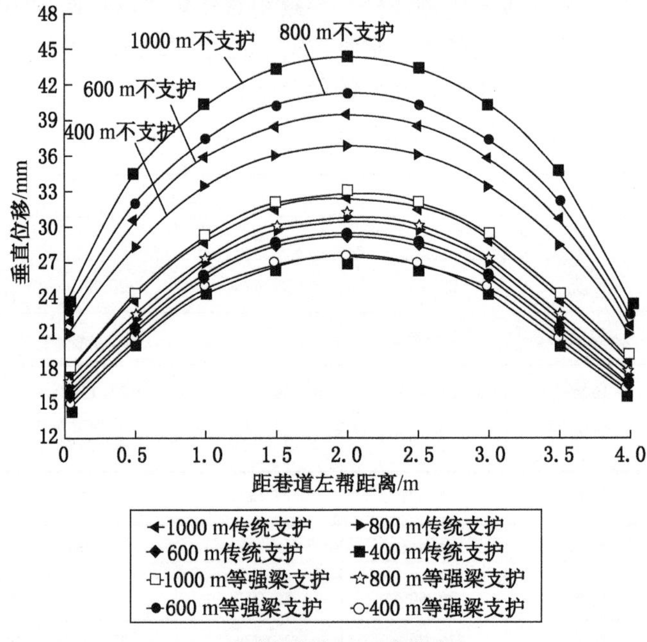

(b) 巷道宽度4 m时位移分布

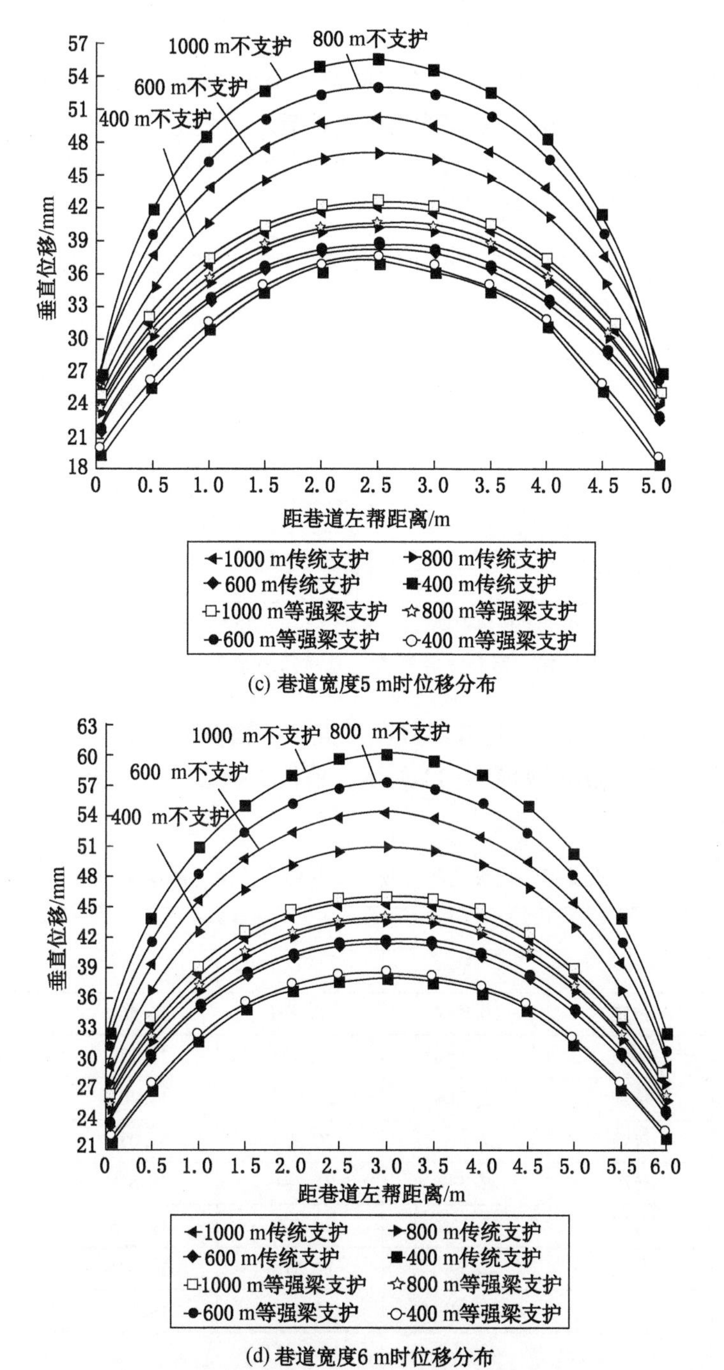

(c) 巷道宽度5 m时位移分布

(d) 巷道宽度6 m时位移分布

图 4-9 两种支护形式下巷道顶板垂直位移分布图

3. 水平应力计算结果分析

锚杆传统支护与等强梁支护形式下的巷道顶板水平应力模拟结果如图 4-10 所示。从图 4-10 可以看出，采用等强梁支护后，顶板上方的最大应力集中区有减小的趋势，顶板所受水平应力趋向均匀，验证了等强梁支护提出的顶板各位置均处于相同应力状态的可能性。

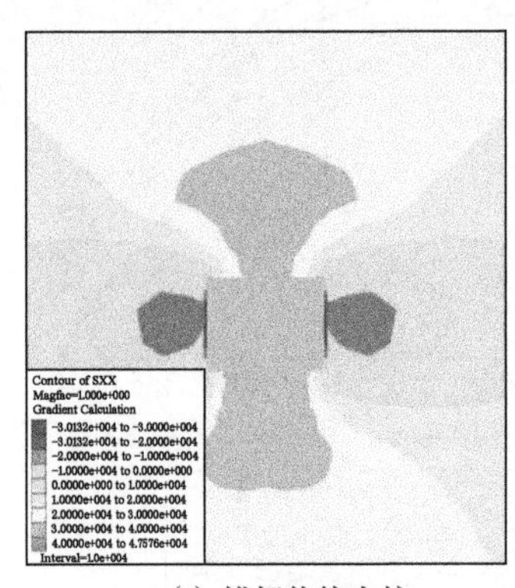

(a) 锚杆传统支护

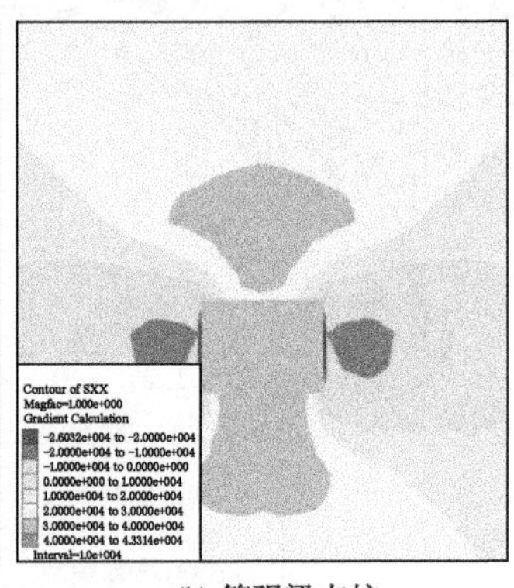

(b) 等强梁支护

图 4-10　两种支护形式下巷道顶板水平应力对比

为了便于分析，给出了巷道顶板在无支护、锚杆传统支护与等强梁支护下的水平应力分布模拟结果如图 4-11 所示，顶板支护后较未支护的水平应力减小量见表 4-5。

表 4-5　顶板支护后较未支护的水平应力减小量

埋深/m		巷道宽度/m			
		3	4	5	6
400	传统	20.86%	18.99%	16.56%	27.11%
	等强	20.36%	18.55%	16.17%	26.57%
600	传统	22.59%	20.98%	18.40%	25.31%
	等强	22.11%	20.57%	18.02%	24.80%
800	传统	22.73%	21.38%	19.57%	23.97%
	等强	22.27%	20.99%	19.03%	23.48%
1000	传统	22.59%	21.67%	19.62%	22.40%
	等强	22.14%	21.48%	19.11%	22.09%

从图 4-11 看出，巷道在无支护情况下，与顶板垂直位移变化规律类似，随

着埋深由 400 m 增大至 1000 m，巷道宽度由 3 m 增加至 6 m，巷道顶板所受水平应力逐渐增大。采用锚杆支护后顶板水平应力下降明显，由表 4-5 也发现，锚杆支护后顶板水平应力得到较大程度降低，降幅在 16.17%～27.11%，锚杆等强

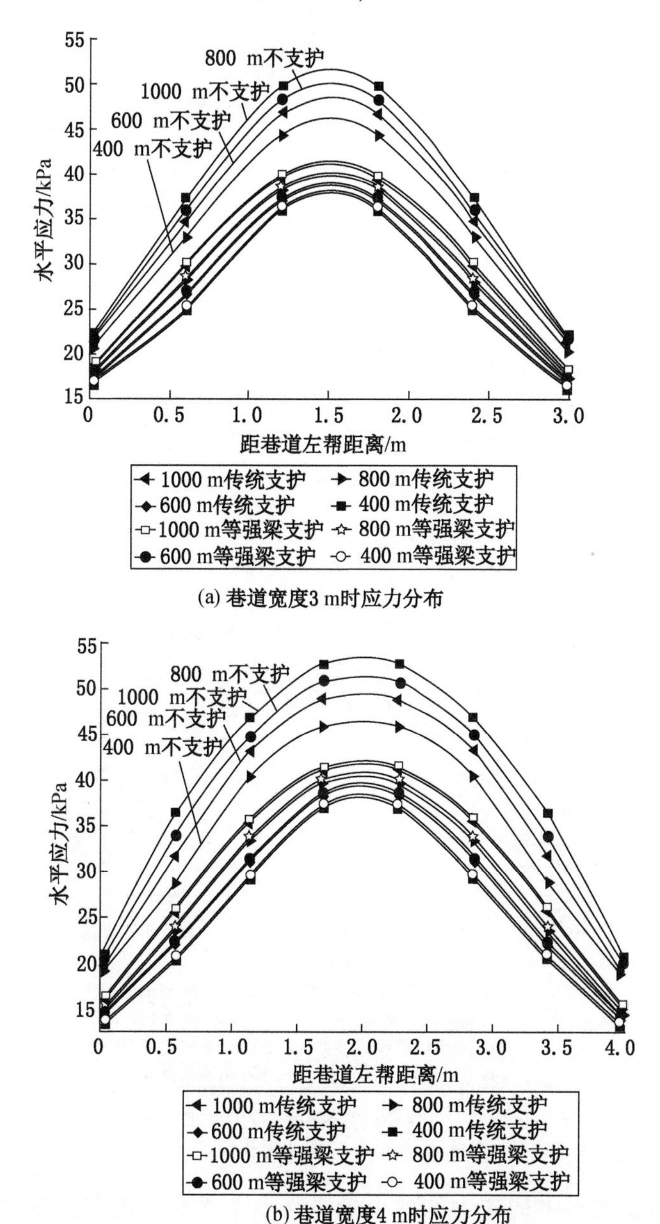

(a) 巷道宽度3 m时应力分布

(b) 巷道宽度4 m时应力分布

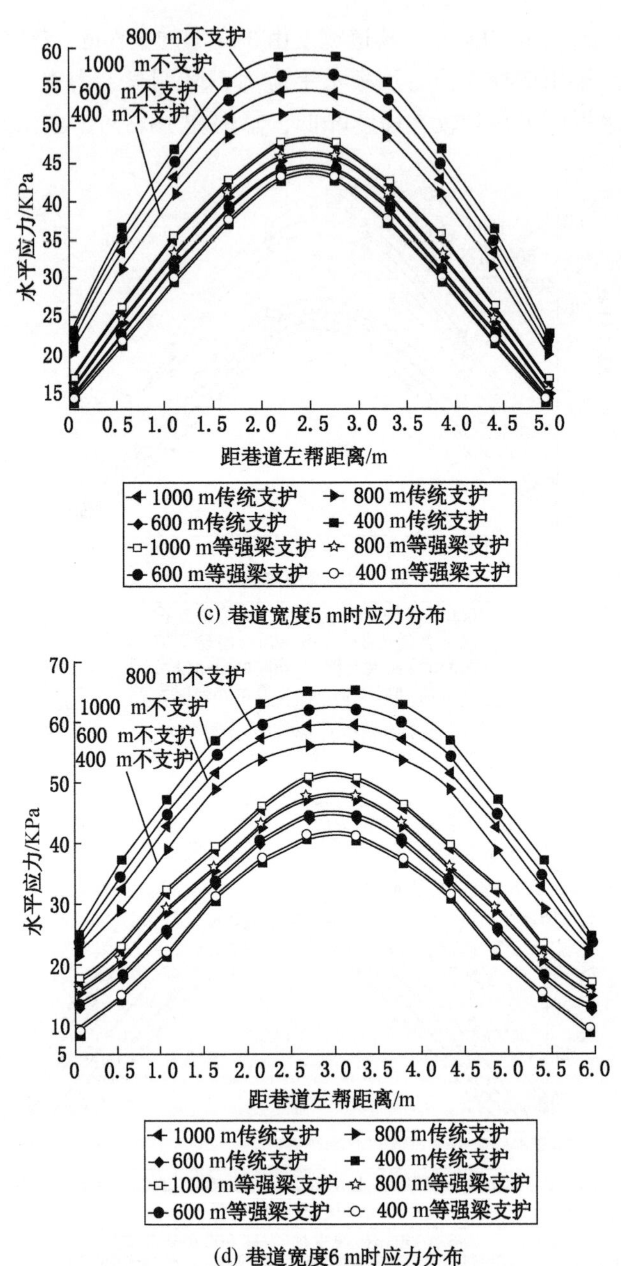

(c) 巷道宽度5 m时应力分布

(d) 巷道宽度6 m时应力分布

图 4-11　两种支护形式下巷道顶板水平应力分布图

梁支护下的顶板水平方向应力的减少量要略小于原有传统支护下的减少量，相差 0.31%～0.54%。总体趋势为巷道中部位置锚杆等强梁支护与原有传统支护两者之间的差值较小，约在 100~300 Pa，越靠近巷帮差值会略增大，约在 200~700 Pa，这主要是由于等强梁支护选择的锚杆长度不同造成的。越靠近巷帮的顶板所受弯矩越小，水平应力也会随之变小，在保证巷道中部不受破坏的前提下，其他位置水平应力略微增大也能使顶板处于稳定状态。

与原有传统支护相比，锚杆等强梁支护下巷道顶板在垂直方向的位移和水平方向的应力有微小增幅，但整体上二者的受力与变形是等同的。总的来说，在控制巷道顶板变形方面，锚杆等强梁支护在保证顶板稳定的前提下，减少了锚杆的使用量，降低了巷道支护成本，在一定程度上说明了锚杆等强梁支护的可行性。

4.3　深部巷道等强支护控制理论模型

在前人支护思想的基础上，基于“等强度梁”力学概念及深部巷道等强梁支护理论模型，在深入调查了深部巷道典型破坏模式并对不同形状巷道进行力学分析的基础上，本节建立了深部巷道等强支护控制概念模型，进一步提出了深部巷道等强支护控制理论，以期能为深部巷道围岩控制提供理论指导。

4.3.1　深部巷道等强支护控制理论概念模型

由巷道典型破坏模式及受力分析知，开挖后巷道不同位置应力梯度有明显差异，导致巷道发生不同破坏模式。当前煤矿巷道大多机械地使用一种或几种支护形式维护巷道围岩稳定，既可能造成支护的浪费也可能导致受力较大处支护失效。

基于“等强度梁”力学概念以及深部巷道等强梁支护理论模型，如图 4-12 所示，进一步建立了深部巷道等强支护控制理论概念模型。埋藏在一定深度的岩体，巷道开挖前处于同一层位的岩体可视作具有相同的初始受力平衡状态且不破坏，我们认为这是初始的“等强”状态。巷道开挖后围岩应力场被打破，在应力调整过程中会出现破碎区、塑性区和弹性区，因此需要通过支护、应力转移措施和注浆加固等手段来维护巷道稳定。若破碎区围岩和塑性区围岩的强度得到提升，理想情况下围岩各个位置达到支护后的“等强”状态，或者尽可能达到初始“等强”状态，使支护围岩呈现整体受力，让支护结构的尺寸最大程度接近于该条件的最佳轴比，以期实现不同位置围岩达到与地应力比相匹配的等效应力强度状态，那么可以认为，此时围岩也能达到安全状态。由此，我们提出等强支护控制理论概念模型：根据巷道围岩受力特征，通过应力转移、注浆加固、锚杆（索）主动支护、钢管混凝土支架被动支护等综合手段，有效调整巷道围岩的应力状态，使得巷道周边各个位置围岩达到等强状态的支护方式，称之为等强支护控制。

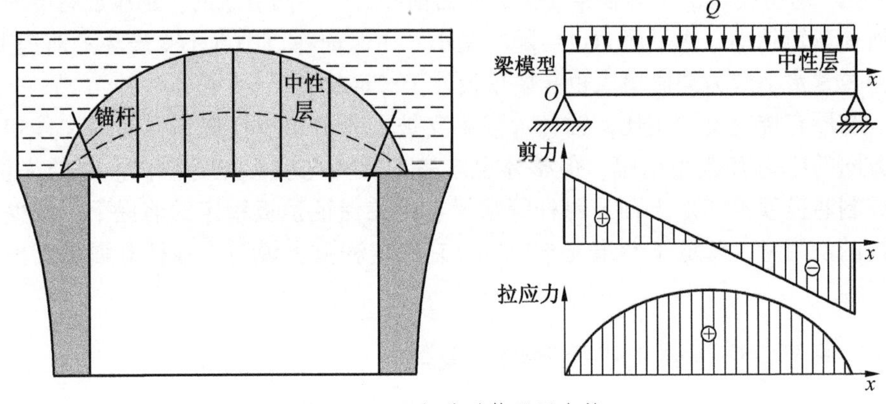

图 4-12　深部巷道等强梁支护

针对此，在巷道支护中依据围岩破坏情况有针对性地施加支护手段。对于破裂岩体可通过围岩注浆加固使破裂岩体重新胶结成整体提高围岩强度，改善围岩赋存条件；优先使用锚杆（索）进行巷道支护，也可将其与喷射混凝土、注浆加固技术相结合，为破裂岩体提供有效的局部加固手段；对于高应力巷道或者应力集中较大的巷道部位采取应力转移措施（钻孔卸压、松动爆破、切缝卸压、开槽卸压等），将巷道附近的高应力转移到围岩深处以确保巷道稳定；此外，对某些特殊地质条件（围岩松软、地压大、变形剧烈等），钢管混凝土支架有其特有的优点。对于受拉应力的围岩，除上述支护手段外，等强梁支护方式、全空间协同控制技术、预应力锚杆（索）+桁架支护技术等措施加固拉应力区。

依据巷道破坏模式，当出现围岩应力集中、围岩破碎、拉应力区等情况时，合理采用应力转移、注浆加固、喷射混凝土、锚杆（索）、钢管混凝土支架及全空间协同支护等措施调整并控制围岩受力。在理想情况下，通过选取合理的控制措施让巷道周边围岩趋于均匀受压，以期实现不同位置围岩能达到安全且与地应力比相匹配的等强状态，如图 4-13 所示，此时围岩能够均匀协调变形，从而实现对巷道围岩的有效控制，保证巷道的正常安全使用，以此形成深部巷道等强支护控制理论概念模型。

通过数值软件建立巷道模型以模拟实现理想条件下的等强支护状态。模型采用 Mohr-Coulomb 准则，上部为自由边界并施加垂直荷载 10 MPa。由于侧压系数及巷道尺寸的影响，导致围岩应力在巷道周边分布极为不均，且数值模拟应力云图能清晰地反映这一现象，如图 4-14 所示，应力分布的不均匀对于巷道稳

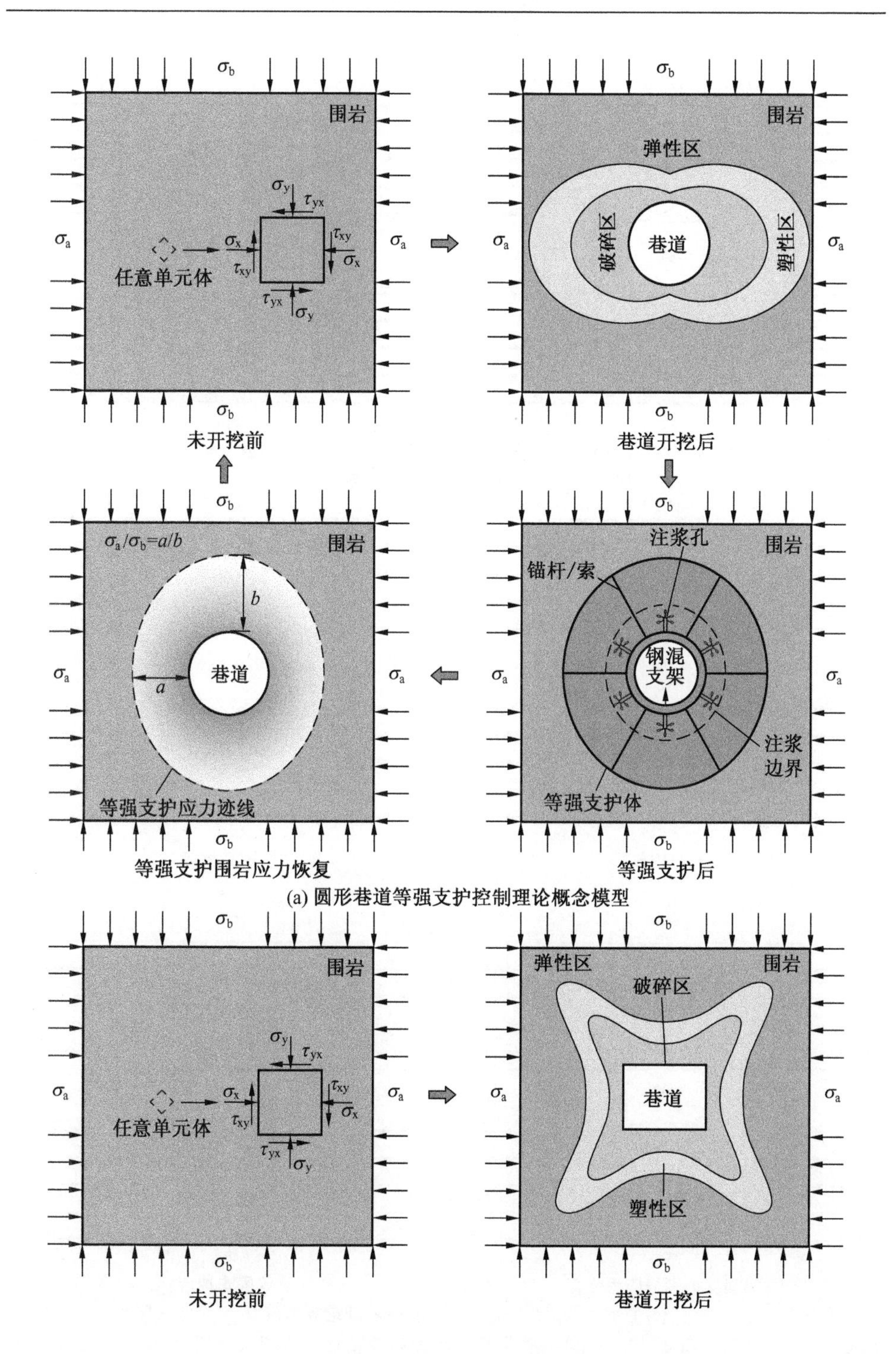

(a) 圆形巷道等强支护控制理论概念模型

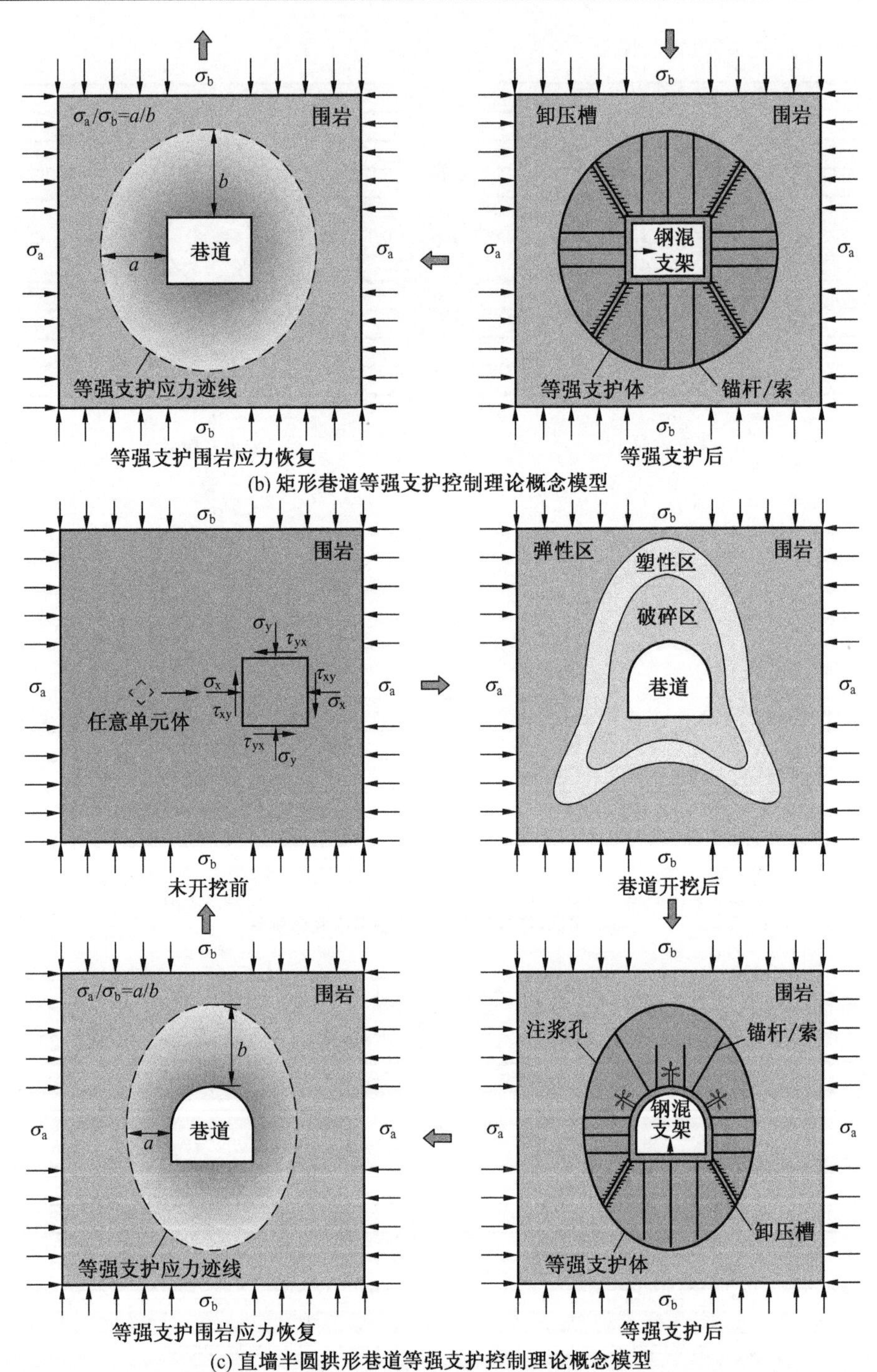

图 4-13　深部巷道等强支护控制理论概念模型示意图

定极其不利。而当前，煤矿巷道的支护大多采用主动或被动支护措施均匀的沿巷道断面施加相同规格的支护强度。由围岩应力分布规律可知，不同侧压系数及巷道尺寸下，巷道断面不同位置的围岩应力具有明显差异，而支护参数与支护强度选取的均衡化，导致不能满足受力较大区域的支护需要。在高地应力作用下，巷道周围受力较大处的围岩很容易出现岩层间滑移与错动，使之最先出现变形与破坏，并逐步扩展到整个巷道断面，造成巷道整体失稳。因此，对于巷道围岩中极易发生失稳破坏的部位应进行强化支护。若不按照围岩的受力特点进行有针对性的支护，仅是在围岩中施加同种规格的支护强度极易造成围岩局部因应力过大而破坏，从而造成塑性区范围较大导致巷道失稳，影响巷道的正常使用。

巷道开挖未支护时，由于受力不同导致在巷道周围形成不同程度的应力集中，如图 4-14 所示。圆形巷道在两帮出现应力集中，顶板出现应力释放，矩形巷道四个隅角有应力集中的产生，顶底板及两帮存在应力释放，直墙半圆拱形巷道顶底板出现应力释放，直墙下隅角附近存在应力集中，应力分布不均匀是造成巷道支护效果不佳的重要原因。而等强支护控制的思路就是让巷道围岩各处受力趋于相同或相似，为此针对本次模拟，圆形巷道在两帮采用卸压方式，将集中应力转移至围岩深处，同时巷道安设钢管混凝土支架，并在围岩中安装锚杆、锚索加强支护，通过合理采用围岩控制措施使得围岩应力分布趋向均匀，理想状态下的应力分布如图 4-14a 所示。对于矩形巷道，对围岩浅部进行注浆加固，隅角区域的力学参数折减一半用以模拟应力转移，并在围岩深部安设锚杆、锚索提高支护强度，在围岩表面安装钢管混凝土支架控制浅部变形，以此实现围岩应力的改善，使之达到围岩应力呈近似均匀分布的理想状态，如图 4-14b

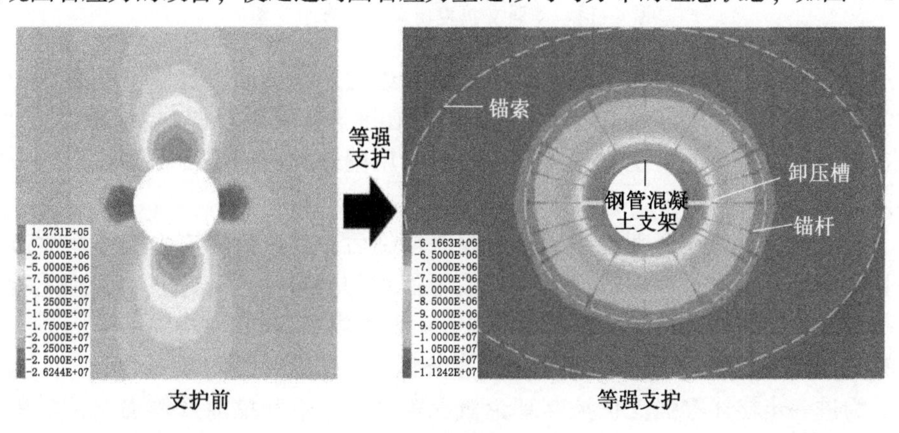

(a) 圆形巷道

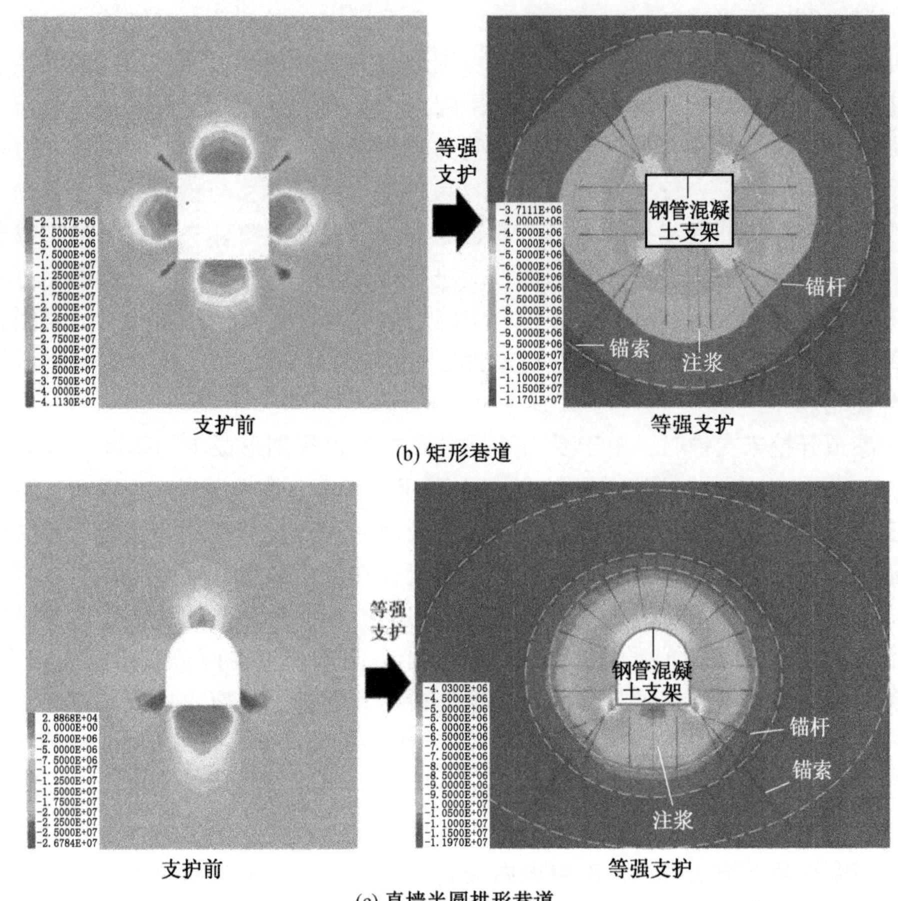

图 4-14　等强支护控制应力分布示意图

所示。对于直墙半圆拱形巷道，对底板围岩进行注浆加固，直墙下隅角区域的力学参数折减一半用以模拟应力转移，同时在围岩中安装锚杆、锚索加强支护，并在巷道安设钢管混凝土支架，通过合理采用围岩控制措施使得围岩应力分布趋向均匀，理想状态下的应力分布如图 4-14c 所示。

数值模拟发现在合理运用了围岩控制措施后，巷道围岩应力能够发生改善并且在理想状态下可以形成均匀分布或近似均匀分布的应力环，从模拟上验证了等强支护控制的可行性，为后续的深入研究提供了基础。

4.3.2　深部巷道等强支护控制模型力学分析

为进一步描述等强支护控制理论概念模型，巷道开挖前及等强支护后围岩受力状态的变化如图 4-15 所示。平面应变条件下，极坐标表示的应力分量与主应力的关系如下：

$$\left.\begin{aligned}\sigma_1 &= \frac{\sigma_\rho + \sigma_\theta}{2} + \sqrt{\left(\frac{\sigma_\rho - \sigma_\theta}{2}\right)^2 + \tau_{\rho\theta}^2} \\ \sigma_3 &= \frac{\sigma_\rho + \sigma_\theta}{2} - \sqrt{\left(\frac{\sigma_\rho - \sigma_\theta}{2}\right)^2 + \tau_{\rho\theta}^2}\end{aligned}\right\} \tag{4-24}$$

式中　σ_1、σ_3——巷道围岩的最大主应力、最小主应力；

σ_ρ、σ_θ、$\tau_{\rho\theta}$——巷道围岩的径向应力、环向应力、切应力。

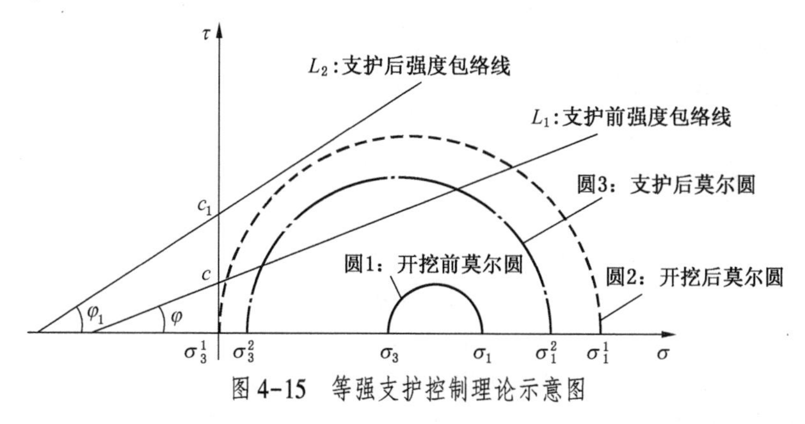

图 4-15　等强支护控制理论示意图

为形象描述等强支护控制理论，结合式（4-24），巷道开挖以前，围岩所受最大主应力 σ_1、最小主应力 σ_3 数值差距不大，即巷道开挖以前，莫尔圆 1 的主应力差（$\sigma_1-\sigma_3$）较小，莫尔圆 1 远离支护前强度包络线 L_1，此时巷道围岩处于稳定状态。巷道开挖之后，靠近巷道的围岩径向应力 σ_ρ 降为零、环向应力 σ_θ 迅速增大，导致最小主应力 σ_3 急剧减小至 σ_3^1、最大主应力 σ_1 则会增大到 σ_1^1，使得莫尔圆 1 发展到莫尔圆 2，造成莫尔圆主应力差（$\sigma_1-\sigma_3$）增大，莫尔圆 2 与支护前强度包络线 L_1 相割，此时巷道围岩发生失稳破坏，塑性区与破碎区随即产生。由上文知，由于深部煤矿地应力大且在围岩失稳破坏阶段巷道断面不同位置处的最大主应力 σ_1^1、最小主应力 σ_3^1 会有明显不同，在围岩受力较大处莫尔圆主应力差（$\sigma_1-\sigma_3$）较大，受力较小处莫尔圆主应力差（$\sigma_1-\sigma_3$）相应减小，但巷道断面各位置的莫尔圆基本上都会超出围岩强度包络线 L_1 的范围使围岩发生破坏。

为了确保巷道稳定，实现深部巷道的等强支护控制，巷道开挖以后应尽快改善和恢复巷道围岩的应力状态，通过围岩控制措施让未支护前岩体的内聚力 c、内摩擦角 φ 分别提高至 c_1、φ_1，使强度包络线由 L_1 上移为 L_2。同时支护力的存在使围岩径向应力 σ_ρ 由零增大到一定数值，这取决于巷道断面各处的受力大小，在受力较大处加大支护强度，在受力较小处合理分配支护强度，使巷道断面各处围岩的最大主应力 σ_1^1 减小至 σ_1^2、最小主应力 σ_3^1 增大至 σ_3^2 或者使各处所形成的莫尔圆到强度包络线的垂直距离相同，使得由 σ_1^2、σ_3^2 形成的莫尔圆 3 位于强度包络线 L_2 以下，此时各处围岩受力趋向均匀且断面各处塑性区范围差距不大，因此巷道能够保持稳定。

同时还应值得注意的是，巷道围岩中出现拉应力后，当围岩抗拉强度小于围岩拉应力后，围岩发生拉破坏，此时支护的目的便是消除或减小拉应力使之小于抗拉强度，整体上的思想与上文所述一致，在此不再赘述。上述即是等强支护控制理论概念模型主要思想。

巷道开挖引起的围岩应力重新分布导致应力集中，应力超过围岩弹性极限后便会进入塑性状态，塑性区的范围影响巷道破坏的程度，因此合理有效的支护强度是维持巷道稳定的必要手段。当采用 Mohr-Coulomb 准则进行围岩塑性计算时，可得到围岩起塑条件为

$$\sin\varphi = \frac{\sqrt{(\sigma_\theta - \sigma_\rho)^2 + 4\tau_{\rho\theta}^2}}{\sigma_\theta + \sigma_\rho + 2c\cot\varphi} \tag{4-25}$$

式中，c 与 φ 分别为围岩的内聚力与内摩擦角，其余符号意义同上。

由巷道周边的应力条件：$\sigma_\rho = 0$，$\tau_{\rho\theta} = 0$ 可以看出，在巷道周边岩体中主要存在环向应力 σ_θ，对巷道围岩施加支护后可以提高围岩径向应力 σ_ρ，改变围岩应力状态，从而相应地提高围岩承载能力。基于前人研究，将支护强度简化为 p_i，则巷道周边围岩径向应力变为 $\sigma_\rho + p_i$，将其代入式（4-25），结合应力条件得：

$$\frac{\sqrt{(\sigma_\theta - 2p_i)^2}}{\sigma_\theta + 2c_1\cot\varphi_1} = \sin\varphi_1 \tag{4-26}$$

由此得出巷道不同位置所需的支护强度 p_i：

$$p_i = \frac{\sigma_\theta - \sin\varphi_1(\sigma_\theta + 2c_1\cot\varphi_1)}{2} \tag{4-27}$$

式中 φ_1——支护后围岩内摩擦角；

c_1——支护后围岩内聚力。其中，c_1 与 φ_1 可以通过现场试验确定。

式（4-27）中涉及的围岩环向应力 σ_θ 可以通过上文中不同形状巷道围岩应力分布确定，作用在巷道上的均布荷载 p_0 可以通过式（4-18）计算获得。

由于巷道周边不同位置围岩所受环向应力 σ_θ 不同，因此所施加的支护强度 p_i 也会随着位置的变化而不同。从中可以发现要在受力大的部位加强支护，受力小的部位合理支护，让围岩在等强支护强度作用下处于各处受力整体均衡的

稳定状态，使围岩不发生恶性破坏，保证支护体对围岩的控制作用是有效的，从而形成深部巷道等强支护控制理论。

4.3.3 深部巷道等强支护控制数值模拟分析

1. 计算模型及计算参数

选用有限差分软件 $FLAC^{3D}$ 对圆形巷道、矩形巷道、直墙半圆拱形巷道在无支护、传统支护与等强支护条件下的变形、受力进行数值模拟，对比分析等强支护理论的支护效果，进一步验证等强支护设计的合理性。

以某矿丁四采区运输巷道为工程背景进行圆形巷道与矩形巷道等强支护理论验证。巷道埋深约 700 m，井田地质条件较简单，基本上为单斜构造。根据实际地质条件选取圆形巷道与矩形巷道用以验证采用锚杆（索）设计的等强支护方式，圆形巷道半径为 2 m，矩形巷道断面尺寸为 3 m×3 m，巷道顶底板岩性特征见表 4-6。

表 4-6 运输巷道煤岩力学参数表

岩性	厚度/m	弹性模量/GPa	内摩擦角/(°)	黏聚力/MPa	抗压强度/MPa
泥岩	5.0	8.6	34.0	1.30	24.0
砂质泥岩	5.0	15.6	17.0	1.40	21.0
砂岩	9.0	8.6	34.0	2.20	25.0
中粒砂岩	6.0	5.2	34.0	2.0	39.0
砂质泥岩	5.0	15.5	25.0	2.60	28.0

以某矿风井车场巷道为工程背景进行直墙半圆拱形巷道等强支护理论验证。巷道埋深约 500 m，上覆多层砂岩、泥岩等岩层，根据实际地质条件选取直墙半圆拱形巷道用以验证采用钢管混凝土支架设计的等强支护方式，直墙半圆拱形巷道断面尺寸为 5.6 m×4.2 m，车场巷道顶底板岩性特征见表 4-7。

表 4-7 车场巷道煤岩力学参数表

岩性	厚度/m	弹性模量/GPa	内摩擦角/(°)	黏聚力/MPa	抗压强度/MPa
砂质泥岩	3.0	12.30	27	0.5	19.25
细砂岩	6.7	19.6	20	2.1	24.35
泥岩	2.0	12.30	27	0.5	19.25
3 号煤	2.4	2.8	23	0.6	11.13
泥岩	5.3	12.30	27	0.5	19.25
细砂岩	2.1	19.6	20	2.1	24.35
泥岩	8.5	12.30	27	0.5	19.25

为便于分析，将侧压系数 λ 设置为 0.5、1.0、1.5，建立长×宽×高＝30 m×5 m×30 m 的数值计算模型，模拟在不同侧压系数下无支护、常规支护与等强支护条件下的变形、受力及塑性区变化，计算模型如图 4-16 所示。数值模型采用 Mohr-Coulomb 准则，边界条件取为：四周与底部采用固定边界，上部为自由边界。

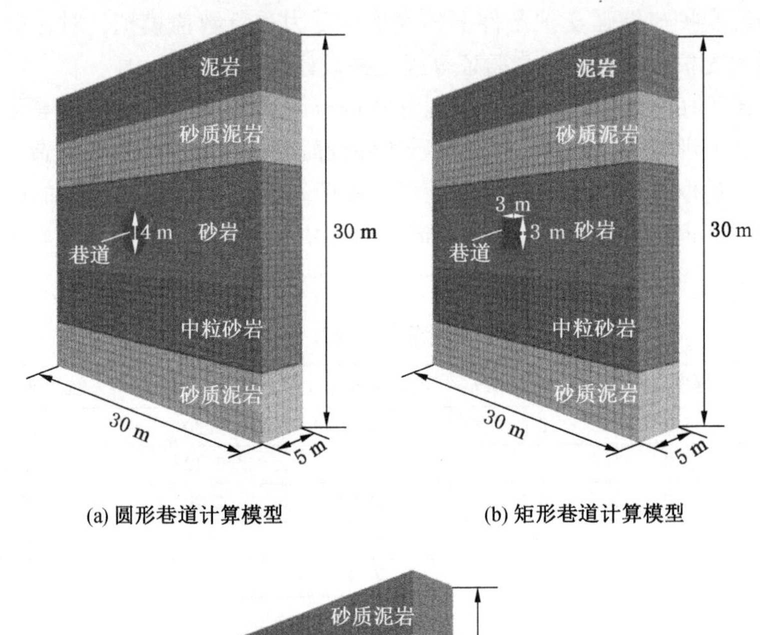

(a) 圆形巷道计算模型　　(b) 矩形巷道计算模型

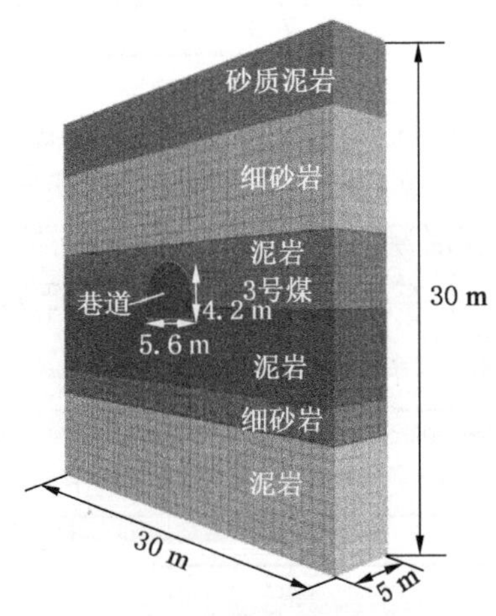

(c) 直墙半圆拱形巷道计算模型

图 4-16　FLAC^{3D} 数值模拟计算模型

根据前文公式，通过计算得到圆形与矩形巷道在不同侧压系数下锚杆（索）

支护参数见表4-8。

表4-8 圆形与矩形巷道锚杆（索）支护参数表

侧压系数	支护方案		锚杆尺寸/mm	锚杆间排距/mm	锚索尺寸/mm	锚索间排距/mm
0.5	常规支护	顶板	ϕ20×2200	900×900	ϕ20×5000	2500×2500
		两帮				
	等强支护	顶板	ϕ22×2200	850×850	ϕ20×6300	2500×2500
		两帮	ϕ20×2000	950×950	ϕ20×5000	2500×2500
1.0	常规支护	顶板	ϕ22×2200	850×850	ϕ20×5500	2500×2000
		两帮				
	等强支护	顶板	ϕ22×2400	900×850	ϕ20×6000	2500×2200
		两帮				
1.5	常规支护	顶板	ϕ24×2400	850×800	ϕ22×6500	2000×2500
		两帮				
	等强支护	顶板	ϕ24×2400	850×850	ϕ22×6500	2000×2500
		两帮	ϕ24×2600	800×800	ϕ22×7000	2000×2200

鉴于近年来高强度钢管混凝土支架支护技术框架已经初步形成，并被成功应用于多个深部矿井巷道及硐室的维护且取得了良好的支护效果，缓解了深部巷道难以支护的窘境，因此，以钢管混凝土支架为支护主体进行直墙半圆拱形巷道等强支护数值模拟。

直墙半圆拱形巷道常规支护为U29型钢拱棚与锚索联合支护，棚距为1000 mm，锚索规格为ϕ18 mm×6300 mm，排距为800 mm×800 mm。等强支护选用ϕ194×10 mm钢管混凝土支架与锚杆联合支护，支架间距为1000 mm，锚杆支护参数见表4-9。数值模拟中锚杆（索）、U型钢及钢管混凝土支架支护参数见表4-10、表4-11。

表4-9 直墙半圆拱形巷道锚杆（索）等强支护参数表

侧压系数	支护方案	锚杆尺寸/mm	锚杆间排距/mm
0.5	顶板	ϕ22×2200	950×950
	两帮	ϕ22×2000	1000×1000
1.0	顶板	ϕ22×2400	900×900
	两帮		
1.5	顶板	ϕ24×2400	850×850
	两帮	ϕ24×2600	800×800

表4-10 锚杆、锚索参数

支护材料	刚度/($N \cdot m^{-2}$)	弹性模量/GPa	水泥黏聚力/m	拉断荷载/kN	预应力/kN
锚杆	22.0	210	2.0	185	90
锚索	25.0	210	1.2	260	140

表4-11 钢管混凝土支架参数

支护材料	极惯性矩	弹性模量/GPa	横截面积/m^2	Y 惯性矩	泊松比
U 型钢	22.6×10^{-5}	200	0.00456	12.44×10^{-5}	0.3
钢管混凝土	13.9×10^{-5}	67.7	0.0376	11.30×10^{-5}	0.25

在巷道数值计算模型中分别沿着垂直于巷道顶板、底板及左右两帮中心方向各设置1条监测线，每隔0.5 m均匀布置监测点，用以监测距离巷道顶板、底板及两帮表面不同位置的位移与应力，以揭示巷道在不同支护条件下围岩变形及应力分布特征。

2. 位移模拟结果分析

为对比巷道在常规支护与等强支护下位移分布情况，以侧压系数 $\lambda=0.5$ 为例给出圆形、矩形及直墙半圆拱形巷道的水平与垂直位移云图如图 4-17～图 4-19 所示。

由图 4-17a、图 4-17d、图 4-17g 可知，由于巷道两侧受到水平地应力作用而发生变形，导致巷道两帮向巷道中心挤压。在巷道开挖后无支护条件下，水平位移最大值在巷道两帮，当侧压系数 λ 为 0.5 时随着到圆形、矩形与直墙半圆拱形巷道两帮距离的增加，水平位移分别从 17.89 cm、16.78 cm、10.41 cm 逐渐减小并趋于稳定。通过图 4-19 可以发现，当侧压系数 λ 分别为 1.0、1.5 时，圆形、矩形与直墙半圆拱形巷道两帮水平位移表现出相似规律。当侧压系数 λ 为 1.0 时随着到圆形、矩形与直墙半圆拱形巷道两帮距离的增加，水平位移分别从 19.34 cm、17.70 cm、12.77 cm 逐渐减小并趋于稳定；当侧压系数 λ 为 1.5 时随着到圆形、矩形与直墙半圆拱形巷道两帮距离的增加，水平位移分别从 22.71 cm、24.48 cm、16.91 cm 逐渐减小并趋于稳定。越靠近巷道，围岩受开挖扰动的影响越大。从图 4-17b、图 4-17c、图 4-17e、图 4-17f、图 4-17h、图 4-17i 及图 4-19 看出，常规支护与等强支护均能降低围岩水平位移。从水平位移云图中发现，两种支护方式下水平位移分布形似，但等强支护下圆形、矩形与直墙半圆拱巷道的水平位移较常规支护的水平位移要小。

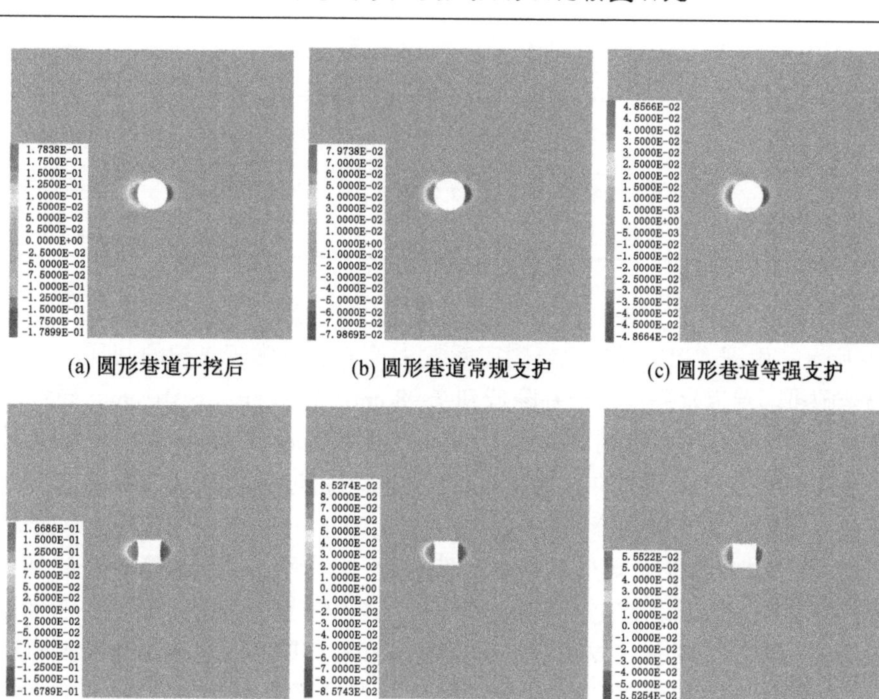

(a) 圆形巷道开挖后　(b) 圆形巷道常规支护　(c) 圆形巷道等强支护

(d) 矩形巷道开挖后　(e) 矩形巷道常规支护　(f) 矩形巷道等强支护

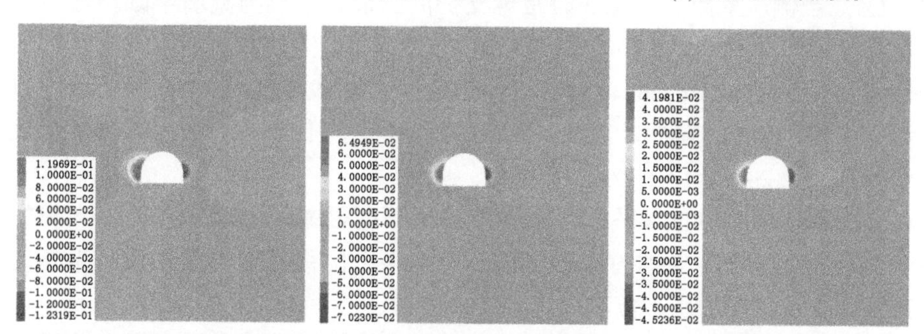

(g) 直墙半圆拱巷道开挖后　(h) 直墙半圆拱巷道常规支护　(i) 直墙半圆拱巷道等强支护

图 4-17　巷道围岩水平位移分布示意图

表 4-12　水平位移下降幅度

巷道形状		侧压系数		
		0.5	1.0	1.5
圆形巷道	常规支护	55.39%	56.51%	50.72%
	等强支护	72.83%	70.21%	55.92%
矩形巷道	常规支护	49.04%	48.30%	49.63%
	等强支护	69.07%	66.21%	63.60%

表 4-12（续）

巷道形状		侧压系数		
		0.5	1.0	1.5
直墙半圆拱形巷道	常规支护	42.26%	36.02%	45.95%
	等强支护	62.63%	58.33%	64.34%

为量化分析模拟结果，由数值模型提取了巷道帮部的位移监测数据如图 4-19 所示。由图 4-19 可知，当侧压系数 λ 为 0.5 时常规支护的圆形、矩形与直墙半圆拱形巷道水平位移分别降低到 7.98 cm、8.55 cm、6.01 cm，同种情况下等强支护下的水平位移则分别为 4.86 cm、5.19 cm、3.89 cm。由表 4-12 知，支护后的水平位移较无支护的明显减小，降幅均超过 40%，且等强支护下水平位移的降幅比常规支护要分别高 17.44%、20.03%、20.37%。当侧压系数 λ 为 1.0 时常规支护的圆形、矩形与直墙半圆拱形巷道水平位移分别降低到 8.41 cm、9.15 cm、8.17 cm，同种情况下等强支护下的水平位移则分别为 5.76 cm、5.98 cm、5.32 cm。由表 4-12 知，支护后的水平位移较无支护的明显减小，降幅均超过 35%，且等强支护下水平位移的降幅比常规支护要分别高 13.70%、17.91%、22.31%。当侧压系数 λ 为 1.5 时常规支护的圆形、矩形与直墙半圆拱形巷道水平位移分别降低到 11.19 cm、12.33 cm、9.14 cm，同种情况下等强支护下的水平位移则分别为 10.01 cm、8.91 cm、6.03 cm。由表 4-12 知，支护后水平位移较无支护明显减小，降幅均超过 45%，且等强支护下水平位移的降幅比常规支护要分别高 5.20%、13.97%、18.39%。

随着远离巷道中心水平位移在支护作用下明显减小，整体上等强支护的水平位移明显小于常规支护的水平位移，直至水平位移在围岩深部达到平衡。可看出等强支护控制的水平位移要优于常规支护。

同水平位移相似，由于垂直地应力的作用导致巷道顶底板产生向巷道内的变形，如图 4-18a、图 4-18d、图 4-18g 所示。以巷道顶板为例进行垂直位移分析，在开挖后未施加支护的情况下，巷道顶底板出现垂直位移最大值，当侧压系数 λ 为 0.5 时随着到圆形、矩形与直墙半圆拱形巷道顶板距离的增加垂直位移分别从 16.48 cm、14.32 cm、14.46 cm 逐渐减小并趋于稳定。通过图 4-19 可以发现，当侧压系数 λ 分别为 1.0、1.5 时，圆形、矩形与直墙半圆拱形巷道顶板垂直位移表现出相似规律。当侧压系数 λ 为 1.0 时，随着到圆形、矩形与直墙半圆拱形巷道顶板距离的增加垂直位移分别从 20.08 cm、18.89 cm、15.24 cm 逐渐减小并趋于稳定；当侧压系数 λ 为 1.5 时随着到圆形、矩形与直墙半圆拱形巷道顶板距离的增加垂直位移分别从 31. 17 cm、33. 15 cm、25. 92 cm 逐渐减小并趋于稳定。越靠近巷道，围岩受开挖扰动的影响越大。从图 4-18b、图 4-18c、图 4-18e、图 4-18f、图 4-18h、图 4-18i 及图 4-19 可以看出，常规支护与等强支护均能降低围岩的垂直位移。从垂直位移云图中发现，两种支护方式下的垂直位移分布形似，但等强支护下圆形与矩形巷道的垂直位移较常规支护的垂直位移要小。

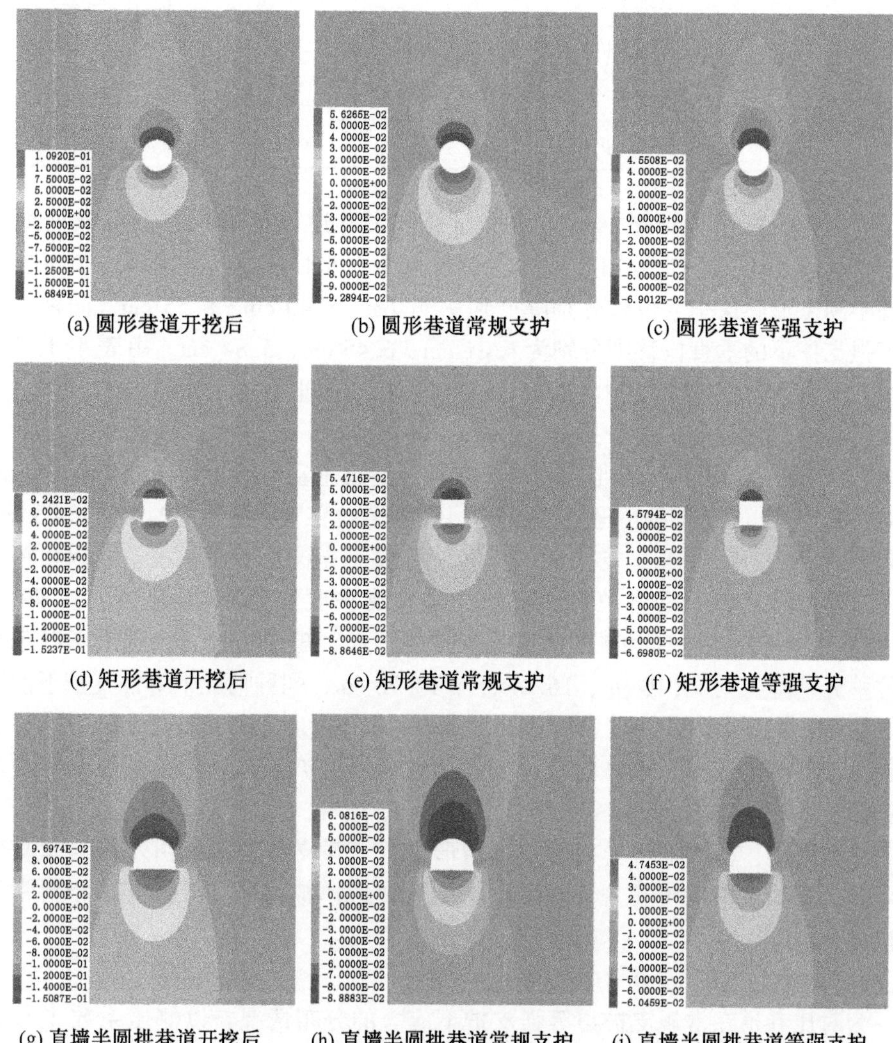

(a) 圆形巷道开挖后　(b) 圆形巷道常规支护　(c) 圆形巷道等强支护

(d) 矩形巷道开挖后　(e) 矩形巷道常规支护　(f) 矩形巷道等强支护

(g) 直墙半圆拱巷道开挖后　(h) 直墙半圆拱巷道常规支护　(i) 直墙半圆拱巷道等强支护

图 4-18　巷道围岩垂直位移分布示意图

表4-13 垂直位移下降幅度

巷道形状		侧压系数		
		0.5	1.0	1.5
圆形巷道	常规支护	44.72%	52.49%	51.55%
	等强支护	58.67%	63.44%	65.12%
矩形巷道	常规支护	40.71%	43.88%	50.92%
	等强支护	54.95%	55.37%	67.64%
直墙半圆拱形巷道	常规支护	40.87%	46.71%	43.28%
	等强支护	59.61%	63.32%	62.61%

为量化分析模拟结果，由数值模型提取了巷道顶板的位移监测数据如图4-19所示。由图4-19可知，当侧压系数λ为0.5时常规支护的圆形、矩形与直墙半圆拱形巷道垂直位移分别降低到9.11 cm、8.49 cm、8.55 cm，同种情况下等强支护下的垂直位移则分别为6.81 cm、6.45 cm、5.84 cm。由表4-13知，支护后的垂直位移较无支护的明显减小，降幅均超过40%，且等强支护下垂直位移的降幅比常规支护要分别高13.95%、14.24%、18.74%。当侧压系数λ为1.0时常规支护的圆形、矩形与直墙半圆拱形巷道垂直位移分别降低到9.54 cm、10.60 cm、8.12 cm，同种情况下等强支护下的垂直位移则分别为7.34 cm、8.43 cm、5.59 cm。由表4-13知，支护后的垂直位移较无支护的明显减小，降幅均超过40%，且等强支护下垂直位移的降幅比常规支护要分别高10.95%、11.49%、16.61%。当侧压系数λ为1.5时常规支护的圆形、矩形与直墙半圆拱形巷道垂直位移分别降低到15.10 cm、16.27 cm、14.70 cm，同种情况下等强支护下的垂直位移则分别为10.87 cm、10.76 cm、9.69 cm。由表4-13知，支护后垂直位移较无支护明显减小，降幅均超过40%，且等强支护下垂直位移的降幅比常规支护要分别高13.57%、16.72%、19.33%。

综上所述，根据围岩受力的具体情形进行等强支护模拟，由水平与垂直位移可看出支护效果优于常规支护。根据围岩变形模拟结果，等强支护相对常规支护更合理。

3. 应力模拟结果分析

为对比巷道在常规支护与等强支护下应力的分布情况，以侧压系数$\lambda=0.5$为例给出圆形、矩形及直墙半圆拱形巷道的水平与垂直应力云图如图4-20～图4-22所示。

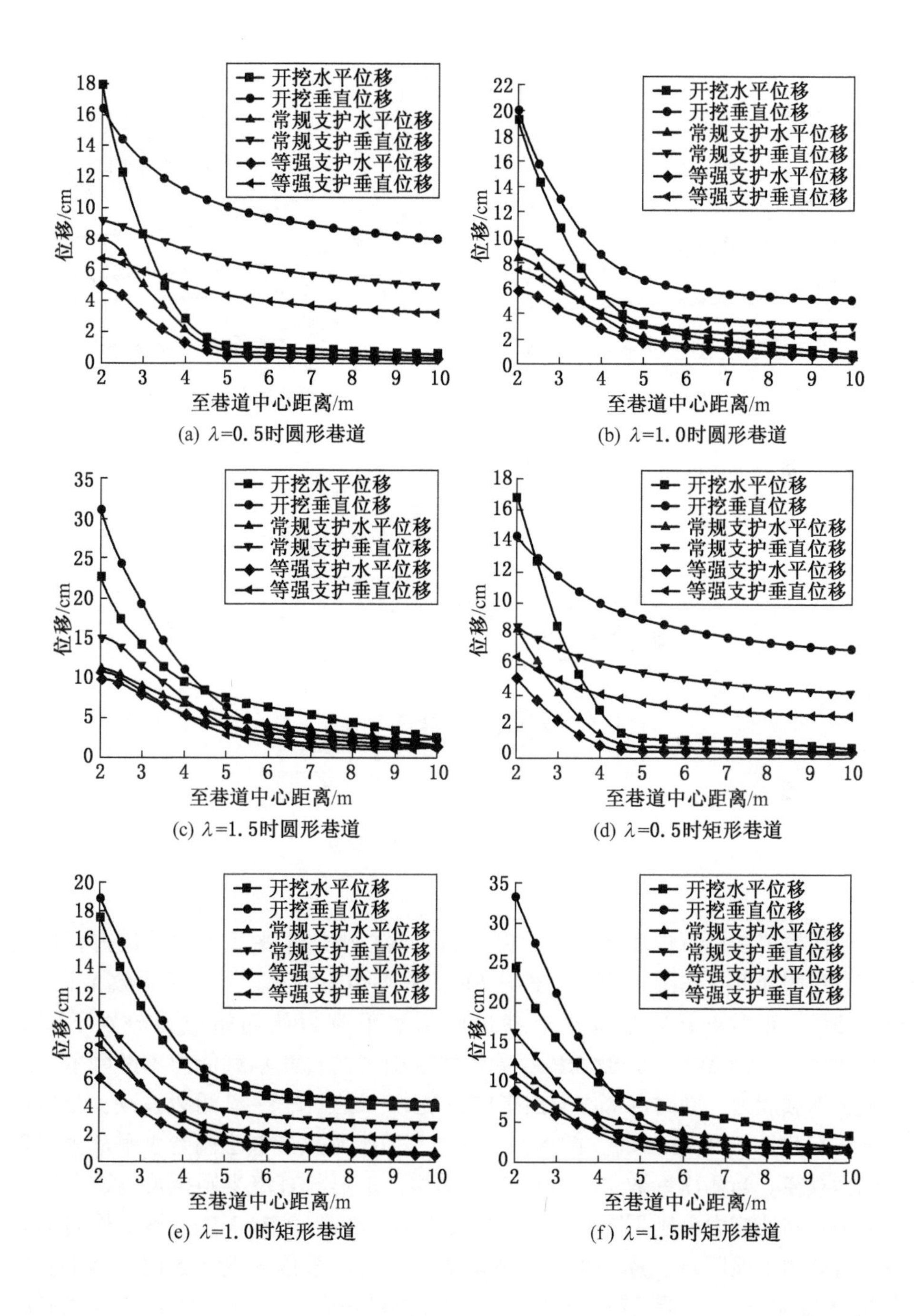

(a) λ=0.5时圆形巷道

(b) λ=1.0时圆形巷道

(c) λ=1.5时圆形巷道

(d) λ=0.5时矩形巷道

(e) λ=1.0时矩形巷道

(f) λ=1.5时矩形巷道

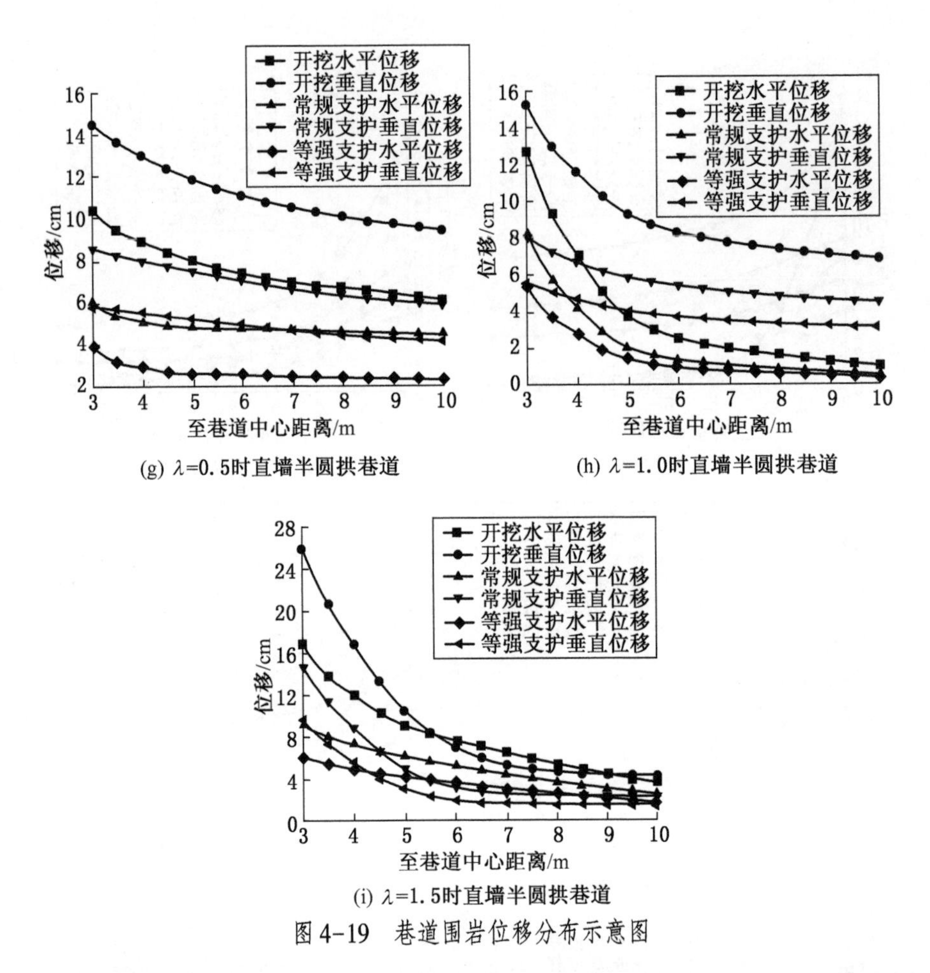

(g) λ=0.5时直墙半圆拱巷道

(h) λ=1.0时直墙半圆拱巷道

(i) λ=1.5时直墙半圆拱巷道

图4-19 巷道围岩位移分布示意图

数值模拟结果可以发现，巷道开挖后，两帮围岩水平应力向巷道内释放使得应力急剧降低，如图4-20a、图4-20d、图4-20g所示。当侧压系数λ为0.5时，圆形、矩形与直墙半圆拱形巷道两帮水平应力从初始应力分别下降到1.25 MPa、0.03 MPa、0.82 MPa，导致浅部围岩的自我承载能力不断降低，逐步失去承载能力，同时深部围岩出现应力集中。通过图4-22可以发现，当侧压系数λ分别为1.0、1.5时，圆形、矩形与直墙半圆拱形巷道两帮水平应力表现出相似规律。当侧压系数λ为1.0时，圆形、矩形与直墙半圆拱形巷道两帮水平应力从初始应力分别下降到1.31 MPa、0.01 MPa、0.74 MPa，浅部围岩的自我承载能力不断降低，逐步失去承载能力。当侧压系数λ为1.5时，圆形、矩形与直墙半圆拱形巷道两帮水平应力从初始应力分别下降到1.39 MPa、

0.03 MPa、0.82 MPa，浅部围岩逐步失去承载能力极易发生失稳。越靠近巷道，围岩受开挖扰动的影响越大。

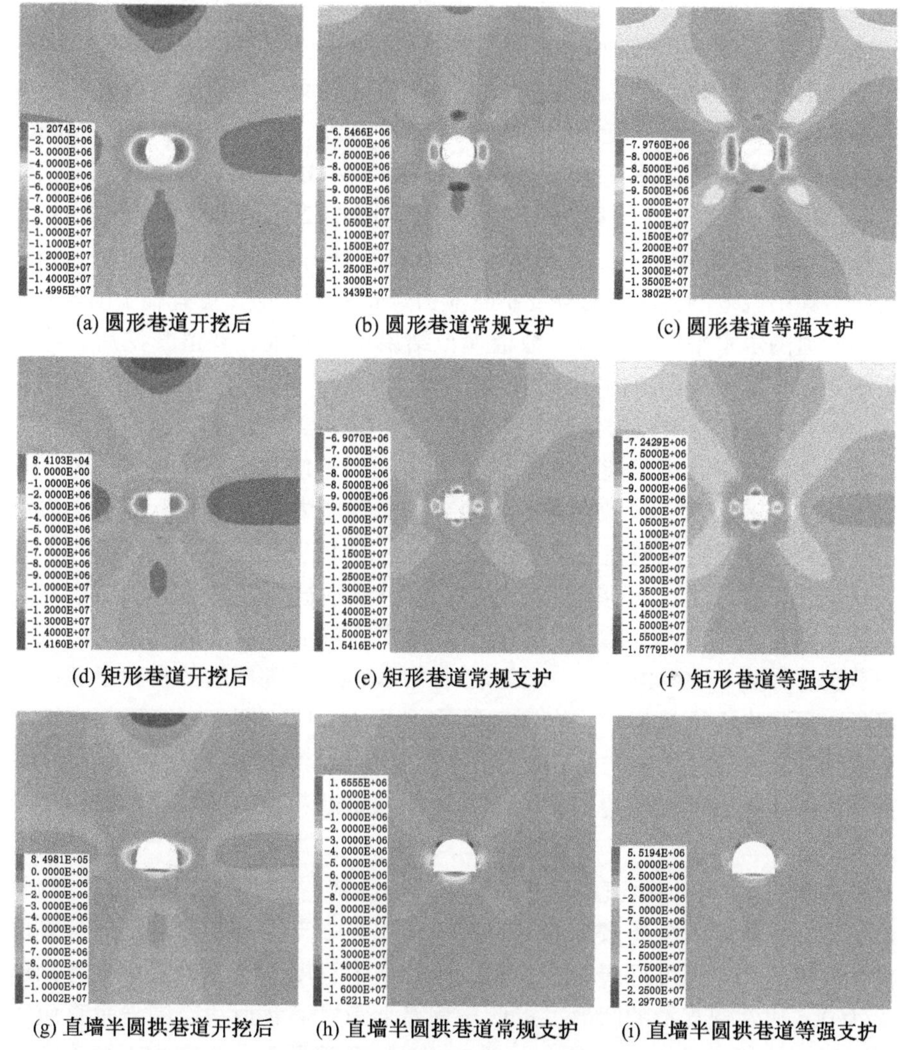

(a) 圆形巷道开挖后　(b) 圆形巷道常规支护　(c) 圆形巷道等强支护

(d) 矩形巷道开挖后　(e) 矩形巷道常规支护　(f) 矩形巷道等强支护

(g) 直墙半圆拱巷道开挖后　(h) 直墙半圆拱巷道常规支护　(i) 直墙半圆拱巷道等强支护

图 4-20　巷道围岩水平应力分布示意图

施加支护后，巷道水平应力状态得到明显改善，应力降低区范围明显减少，支护后围岩水平应力分布较为均匀，其中采用等强支护的圆形、矩形与直墙半圆拱形巷道的均匀程度好于常规支护，应力集中程度与范围也更小。当侧压系数 λ 为 0.5 时常规支护的圆形、矩形与直墙半圆拱形巷道浅部围岩水平应力分别提高到6.54 MPa、4.65 MPa、3.18 MPa，同种情况下等强支护下的水平应力分别提高为7.27 MPa、7.33 MPa、4.07 MPa。当侧压系数λ为1.0时常规支护的圆形、矩形与直墙半圆拱形巷道浅部围岩水平应力分别提高到6.69 MPa、4.82 MPa、3.07 MPa，同种情况下等强支护下的水平应力分别提高到7.48 MPa、6.56 MPa、4.01 MPa。当侧压系数λ为1.5时常规支护的圆形、矩形与直墙半圆拱形巷道浅部围岩水平应力分别提高到7.17 MPa、8.23 MPa、3.01 MPa，同种情况下等强支护下的水平应力分别提高为8.19 MPa、9.61 MPa、3.65 MPa，如图4-20b、图4-20c、图4-20e、图4-20f、图4-20h、图4-20i及图4-22所示。从图4-22曲线走势看，支护后围岩中的应力降低区范围下降明显，等强支护的应力集中区范围要小于常规支护且应力分布更为均匀，更有利于围岩稳定。

与巷道围岩水平应力相似，数值模拟结果可以发现，巷道开挖后，巷道顶底板围岩垂直应力向巷道内释放使得应力急剧降低，如图4-21a、图4-21d、图4-21g所示。以巷道顶板为例进行垂直应力分析，当侧压系数λ为0.5时，圆形、矩形与直墙半圆拱形巷道顶板垂直应力从初始应力分别下降到1.09 MPa、0.13 MPa、0.99 MPa，导致浅部围岩的自我承载能力不断降低，逐步失去承载能力，同时深部围岩出现应力集中。通过图4-22可以发现，当侧压系数λ分别为1.0、1.5时，圆形、矩形与直墙半圆拱形巷道顶板垂直应力表现出相似规律。当侧压系数λ为1.0时，圆形、矩形与直墙半圆拱形巷道顶板垂直应力从初始应力分别下降到1.19 MPa、0.01 MPa、1.07 MPa，浅部围岩的自我承载能力不断降低，逐步失去承载能力。当侧压系数λ为1.5时，圆形、矩形与直墙半圆拱形巷道顶板垂直应力从初始应力分别下降到1.34 MPa、0.08 MPa、1.17 MPa，浅部围岩逐步失去承载能力极易发生失稳。越靠近巷道，围岩受开挖扰动的影响越大。

施加支护后，巷道垂直应力状态得到明显改善，应力降低区范围明显减少，支护后围岩垂直应力分布较为均匀，其中采用等强支护的圆形、矩形与直墙半圆拱形巷道的均匀程度好于常规支护，应力集中程度与范围也更小。当侧压系数λ为0.5时常规支护的圆形、矩形与直墙半圆拱形巷道浅部围岩垂直应力分别提高到3.45 MPa、4.89 MPa、2.40 MPa，同种情况下等强支护下的垂直应力分别提高为3.77 MPa、7.49 MPa、2.95 MPa。当侧压系数λ为1.0时常规支护的圆形、矩形与直墙半圆拱形巷道浅部围岩垂直应力分别提高到6.95 MPa、4.53 MPa、3.47 MPa，同种情况下等强支护下的垂直应力分别提高为7.82 MPa、6.26 MPa、4.18 MPa。当侧压系数λ为1.5时常规支护的圆形、矩形与直墙半圆拱形巷道浅部围岩垂直应力分别提高到10.44 MPa、8.67 MPa、4.61 MPa，同

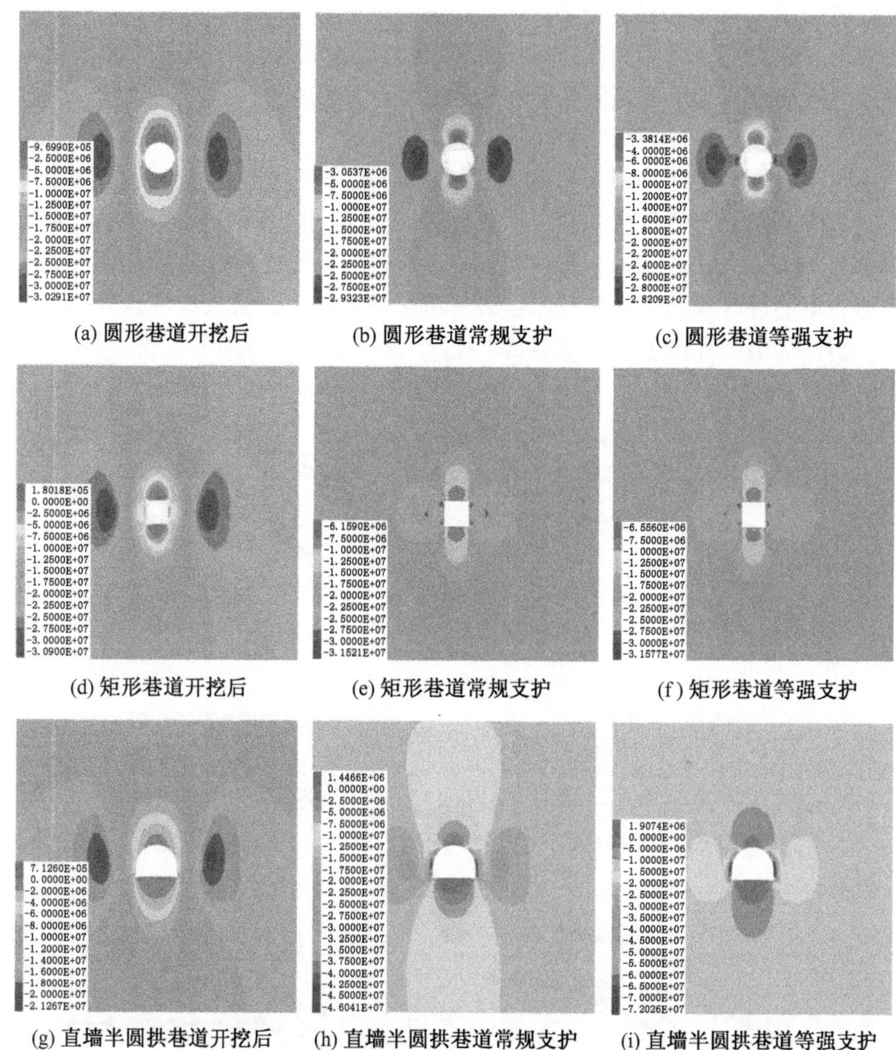

(a) 圆形巷道开挖后　(b) 圆形巷道常规支护　(c) 圆形巷道等强支护

(d) 矩形巷道开挖后　(e) 矩形巷道常规支护　(f) 矩形巷道等强支护

(g) 直墙半圆拱巷道开挖后　(h) 直墙半圆拱巷道常规支护　(i) 直墙半圆拱巷道等强支护

图 4-21　巷道围岩垂直应力分布示意图

种情况下等强支护下的垂直应力分别提高为 12.14 MPa、9.49 MPa、6.65 MPa，如图 4-21b、图 4-21c、图 4-21e、图 4-21f、图 4-21h、图 4-21i 及图 4-22 所示。从图 4-22 曲线走势看，支护后围岩中应力降低区范围下降明显，等强支护的应力集中区范围要小于常规支护且应力分布更均匀，更有利于围岩稳定。可见有针对性的等强支护对于恢复围岩自我承载能力要优于常规支护。

4. 围岩塑性区模拟结果分析

巷道开挖后围岩应力分布不均导致塑性区不规则扩展，巷道围岩大变形破坏是塑性区产生与扩展的结果，塑性区的几何分布与范围决定了围岩破坏程度，因此对塑性区的分析可判断支护效果的优劣。

为对比分析巷道在常规支护与等强支护下围岩塑性区分布情况，以侧压系数 λ 为 0.5 为例给出圆形、矩形及直墙半圆拱形巷道的塑性区云图如图 4-23 所示。由图 4-23a、图 4-23d、图 4-23g 知，开挖后未支护的圆形、矩形与直墙半圆拱形巷道塑性区均为不规则分布且破坏区域范围较大，最大破坏位置均在巷道肩部，塑性区最大深度值为巷道肩部>两帮>顶、底板。当侧压系数 λ 为 0.5 时，

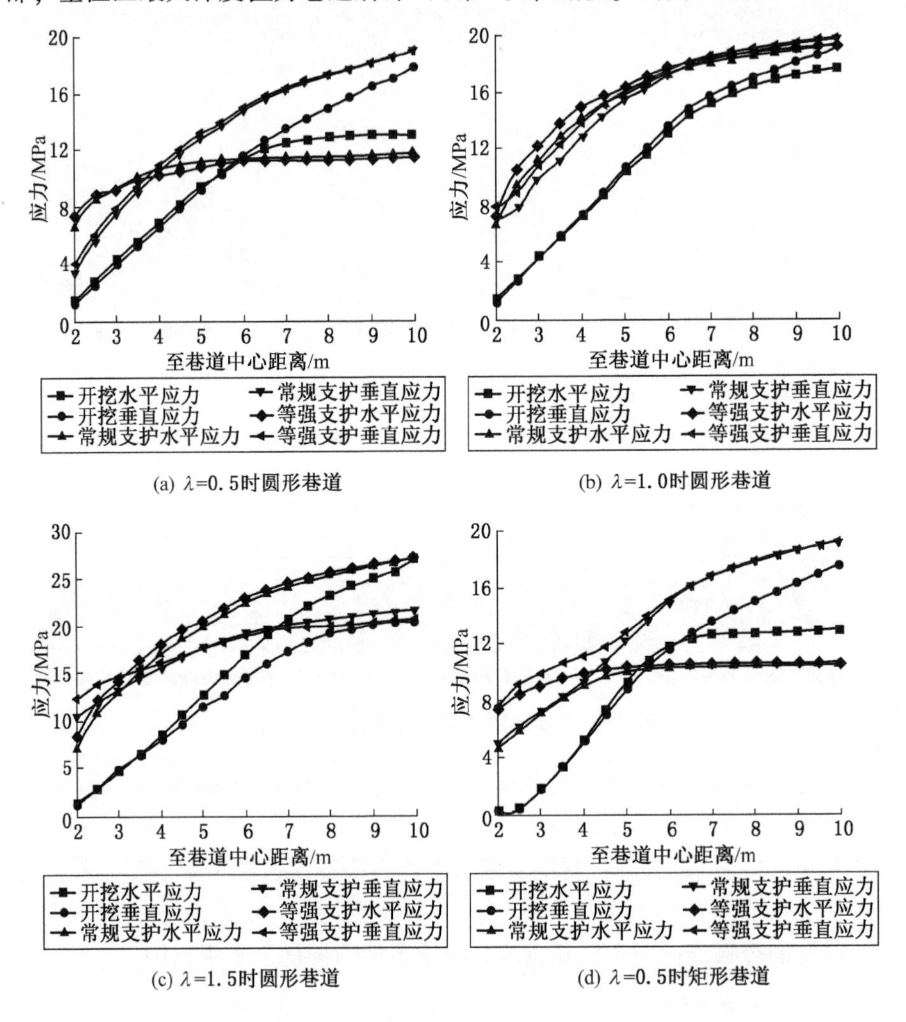

(a) λ=0.5时圆形巷道

(b) λ=1.0时圆形巷道

(c) λ=1.5时圆形巷道

(d) λ=0.5时矩形巷道

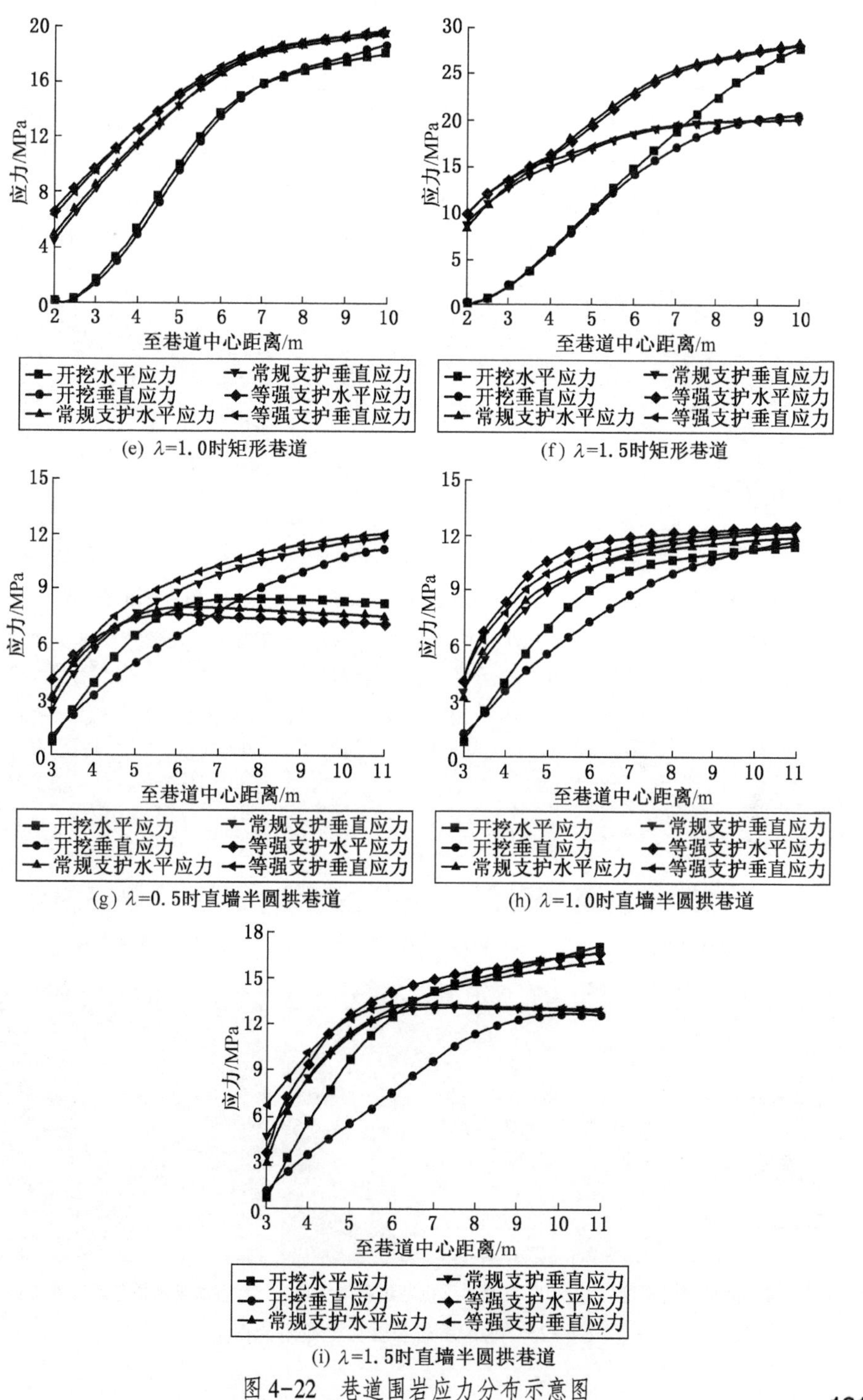

(e) λ=1.0时矩形巷道

(f) λ=1.5时矩形巷道

(g) λ=0.5时直墙半圆拱巷道

(h) λ=1.0时直墙半圆拱巷道

(i) λ=1.5时直墙半圆拱巷道

图4-22 巷道围岩应力分布示意图

开挖后未支护的圆形、矩形与直墙半圆拱形巷道围岩塑性区体积分别为677.9 m^3、581.2 m^3、548.3 m^3，导致浅部围岩进入塑性阶段，逐步失去承载能力。通过图4-24可以发现，当侧压系数 λ 分别为1.0、1.5时，圆形、矩形与直墙半圆拱形巷道围岩塑性区体积表现出相似规律。当侧压系数 λ 为1.0时，圆形、矩形与直墙半圆拱形巷道围岩塑性区体积分别为684.2 m^3、585.5 m^3、647.5 m^3，导致浅部围岩进入塑性阶段，自我承载能力不断降低。当侧压系数 λ

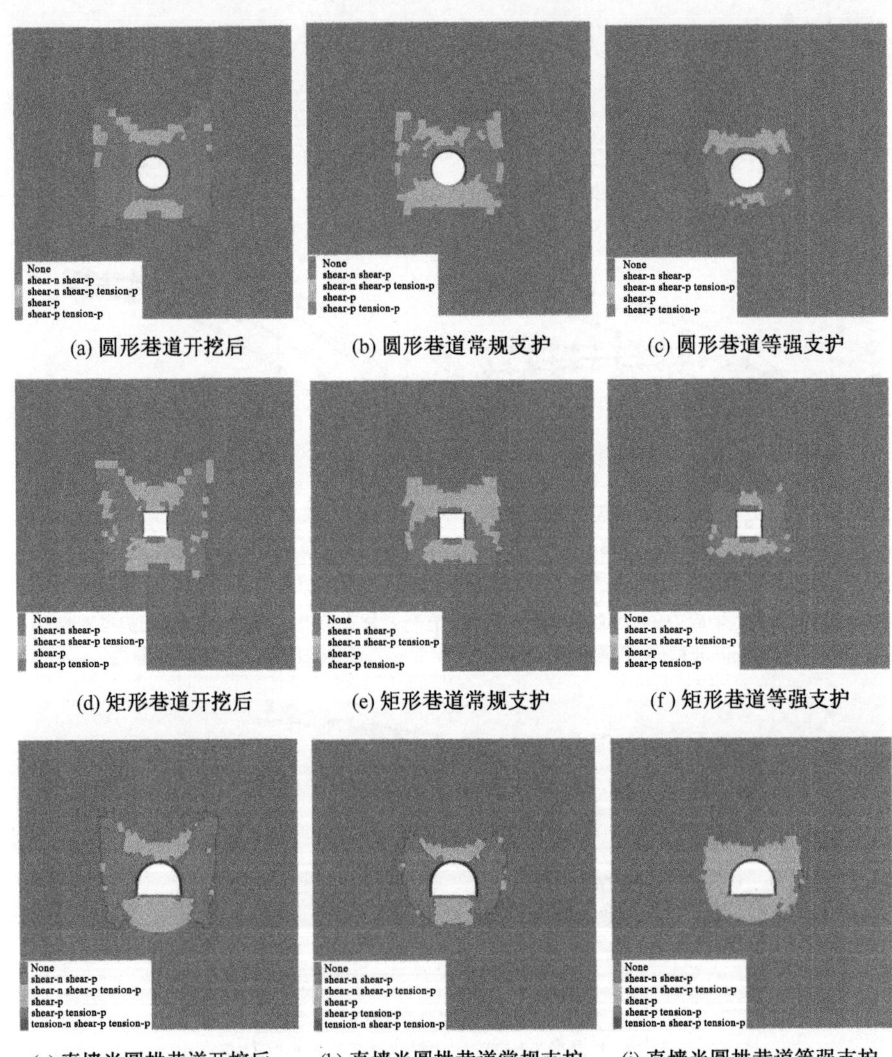

(a) 圆形巷道开挖后　(b) 圆形巷道常规支护　(c) 圆形巷道等强支护

(d) 矩形巷道开挖后　(e) 矩形巷道常规支护　(f) 矩形巷道等强支护

(g) 直墙半圆拱巷道开挖后　(h) 直墙半圆拱巷道常规支护　(i) 直墙半圆拱巷道等强支护

图4-23　巷道围岩塑性区分布示意图

为 1.5 时，圆形、矩形与直墙半圆拱形巷道围岩塑性区体积分别为 1352.9 m^3、1080.7 m^3、996.1 m^3，浅部围岩逐步失去承载能力，极易造成巷道失稳。

巷道支护后，围岩塑性区范围显著缩小，其中采用等强支护的圆形、矩形与直墙半圆拱形巷道的塑性区的均匀程度与塑性区范围均优于常规支护。当侧压系数 λ 为 0.5 时常规支护的圆形、矩形与直墙半圆拱形巷道围岩塑性区体积分别降至 527.6 m^3、425.5 m^3、346.3 m^3，同种情况下等强支护下的围岩塑性区体积则分别为 315.9 m^3、315.2 m^3、291.8 m^3。由表 4-14 可知，支护后围岩塑性区体积较无支护明显减小，且等强支护下围岩塑性区体积的降幅比常规支护要分别高 31.23%、18.98%、9.94%。当侧压系数 λ 为 1.0 时常规支护的圆形、矩形与直墙半圆拱形巷道围岩塑性区体积分别降至 574.7 m^3、395.9 m^3、395.1 m^3，同种情况下等强支护下围岩塑性区体积则分别为 377.9 m^3、276.6 m^3、275.9 m^3。由表 4-14 可知，支护后围岩塑性区体积较无支护明显减小，且等强支护下围岩塑性区体积的降幅比常规支护要分别高 28.75%、20.37%、18.40%。当侧压系数 λ 为 1.5 时常规支护的圆形、矩形与直墙半圆拱形巷道围岩塑性区体积分别降至 775.7 m^3、595.3 m^3、630.4 m^3，同种情况下等强支护下的围岩塑性区体积则分别为 521.5 m^3、447.9 m^3、381.6 m^3。由表 4-14 知，支护后围岩塑性区体积较无支护明显减小，且等强支护下围岩塑性区体积的降幅比常规支护要分别高 18.79%、13.64%、24.98%，如图 4-23b、图 4-23c、图 4-23e、图 4-23f、图 4-23h、图 4-23i 及图 4-24 所示。

从图 4-24 曲线走势看，支护后围岩塑性区范围下降明显，等强支护的围岩塑性区体积要小于常规支护且塑性区分布更为均匀，更有利于围岩稳定。可见有针对性的等强支护对于恢复围岩自我承载能力要优于常规支护。

表 4-14　塑性区体积下降幅度

巷道形状		侧压系数		
		0.5	1.0	1.5
圆形巷道	常规支护	22.17%	16.01%	42.66%
	等强支护	53.40%	44.76%	61.45%
矩形巷道	常规支护	26.78%	32.38%	44.91%
	等强支护	45.76%	52.75%	58.55%
直墙半圆拱形巷道	常规支护	36.84%	38.98%	36.71%
	等强支护	46.78%	57.38%	61.69%

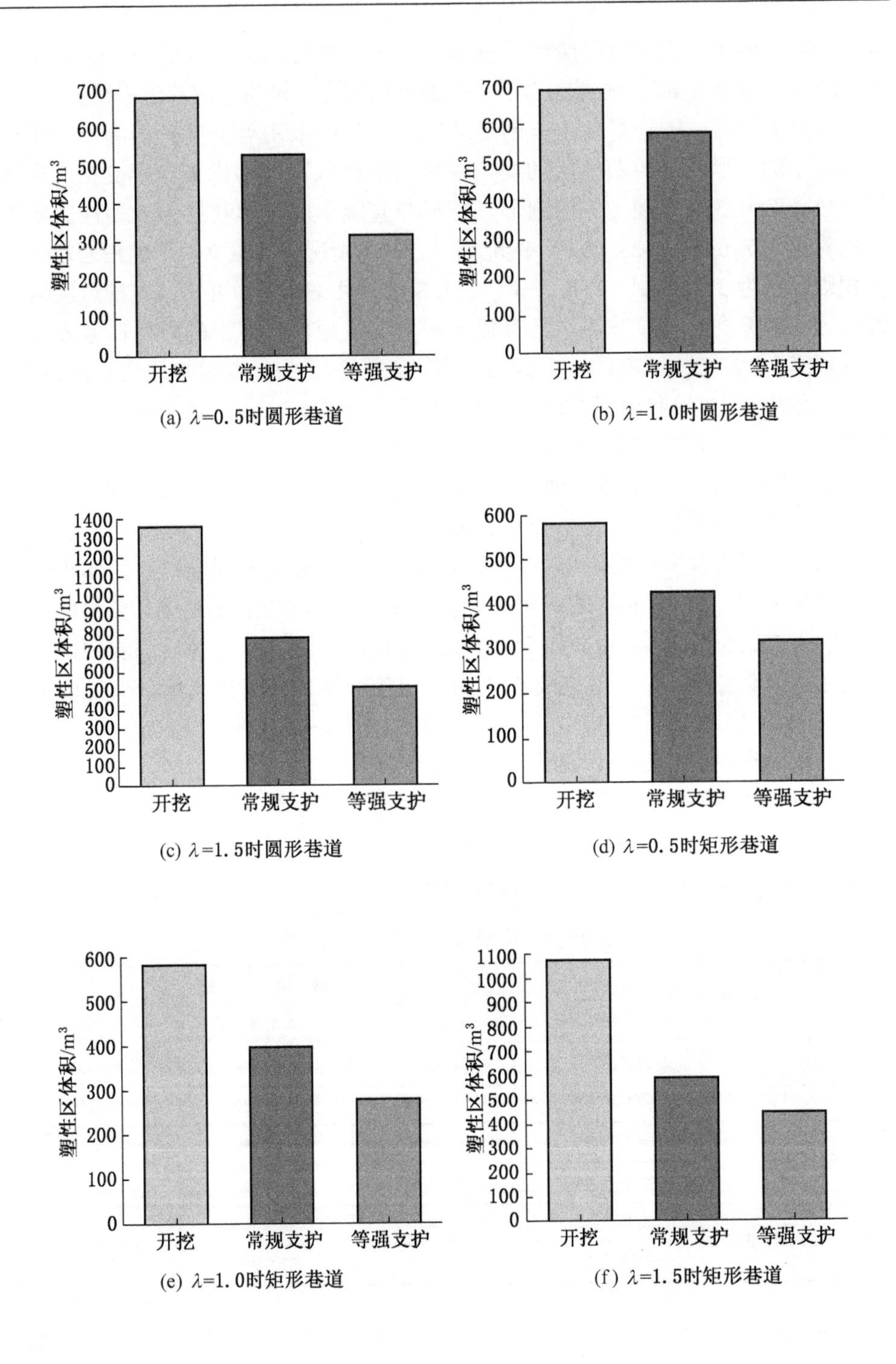

(a) λ=0.5时圆形巷道

(b) λ=1.0时圆形巷道

(c) λ=1.5时圆形巷道

(d) λ=0.5时矩形巷道

(e) λ=1.0时矩形巷道

(f) λ=1.5时矩形巷道

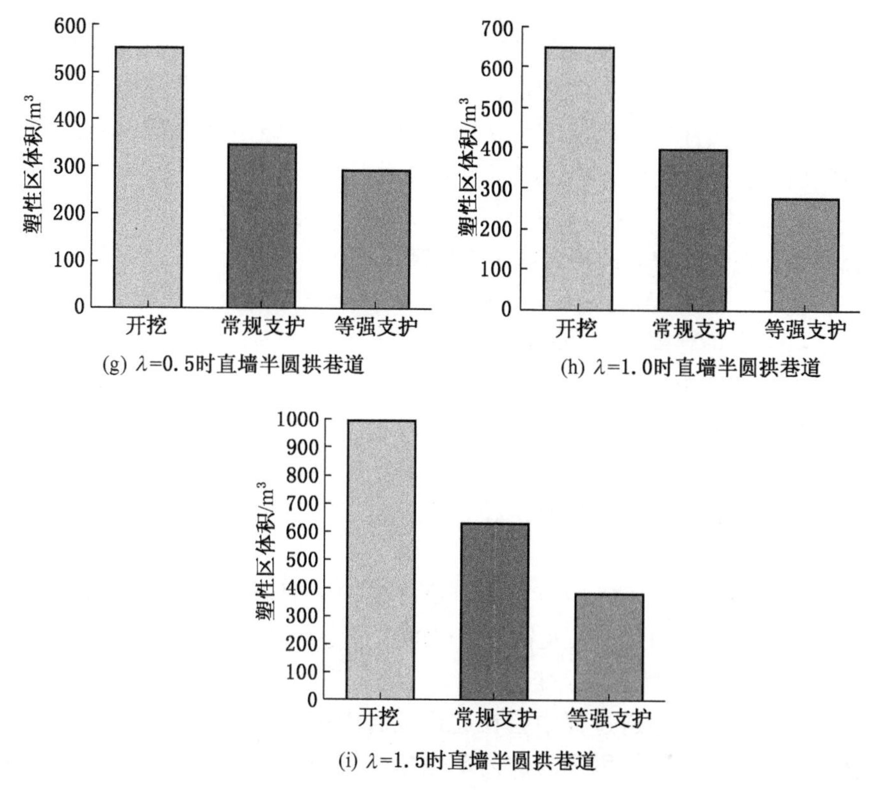

(g) λ=0.5时直墙半圆拱巷道

(h) λ=1.0时直墙半圆拱巷道

(i) λ=1.5时直墙半圆拱巷道

图4-24 巷道围岩塑性区体积

4.4 深部巷道等强支护控制技术研究

通过前文的论述，深部巷道开挖后，初始应力平衡状态被打破，引起巷道失稳破坏，通过合理使用巷道支护控制措施，能够让巷道围岩应力分布趋于均匀、围岩塑性区范围均衡的理想状态，使围岩达到等强支护状态。围岩支护控制就是对围岩施加支护力，提高围岩强度或者将高应力转移到围岩深部，便于巷道围岩的维护，保持巷道围岩稳定，充分发挥围岩自我承载能力，防止巷道围岩发生恶性变形，影响巷道的安全使用。通过对目前主要的围岩支护控制措施的论述分析，可为等强支护控制提供更加合理的支护方式。

4.4.1 锚杆（索）支护控制机理分析

锚杆（索）支护能够发挥围岩的自我承载能力，目前已经成为我国煤矿巷道的主要支护形式。锚杆（索）对围岩的支护控制主要表现在以下几方面：

1. 提高巷道围岩内聚力

从围岩支护体的角度看，围岩内聚力的提高归根结底是由于锚杆的支护作用约束了围岩的横向变形及剪切位移。锚杆的支护力增加了破坏面或者节理面的压应力，同时锚杆自身也能够承受一定剪切荷载。设定围岩与锚固剂拥有相同的力学性质，可以得到支护后围岩的内聚力 c_1：

$$c_1 = c + nS_m(c_m - c) + \sigma_m \tan\varphi \tag{4-28}$$

锚杆的存在让支护后的围岩内聚力提高了 Δc：

$$\Delta c = c_1 - c = nS_m(c_m - c) + \sigma_m \tan\varphi \tag{4-29}$$

式中 c_1——支护后围岩的内聚力；

n——锚杆布置密度；

c_m——锚杆杆体内聚力；

σ_m——锚杆提供的压应力；

S_m——锚杆杆体的横截面积；

其余符号意义同上。

由式（4-28）、式（4-29）可知，锚杆支护中围岩内聚力的提高主要与锚杆杆体的横截面积、布置形式及锚杆提供的支护力有关。

2. 巷道围岩内摩擦角的改变

预应力锚杆支护巷道过程中会在巷道围岩中构成压缩带，进而影响到围岩内摩擦角。实际上，支护后围岩的内摩擦角与支护前围岩、锚杆杆体以及锚固界面的应力状态均有关系，若支护后围岩与锚杆处于同一应力状态下，支护后围岩的内摩擦角 φ_1：

$$\varphi_1 = \varphi(1 - nS) + \varphi_m nS \tag{4-30}$$

支护前后围岩内摩擦角的变化为 $\Delta\varphi$：

$$\Delta\varphi = \varphi_1 - \varphi = (\varphi_m - \varphi)nS \tag{4-31}$$

式中 φ_1——支护后围岩的内摩擦角；

c_m——锚杆杆体内摩擦角；

φ_m——锚杆杆体的内摩擦角；

其余符号意义同上。

一般来说，$\varphi_m < \varphi$，因此围岩内摩擦角 φ 略大于支护后围岩的内摩擦角 φ_1，但由于锚杆相较于被支护的围岩来讲，所占面积较小，因此在实际应用中，锚杆支护前后可将围岩的内摩擦角视为不变。

3. 提高巷道围岩抗压强度

锚杆支护提供了轴向应力让围岩应力状态由平面受力状态转变为三向受力

状态，也就能提高支护后围岩的抗压强度，由 Mohr-Coulomb 准则可得抗压强度的增量 $\Delta\sigma$：

$$\Delta\sigma = 2(c_{m} - c)nS\frac{\cos\varphi}{1 - \sin\varphi} + 2\sigma_{m}\tan\varphi \tag{4-32}$$

4. 提高巷道围岩弹性模量

锚杆支护控制了巷道围岩的变形，将锚杆与被支护岩体看成整体，则在外部荷载不变的前提下，围岩变形量的减小可视为被支护岩体弹性模量的增大。支护后围岩弹性模量的增加可由下式近似表示：

$$\left.\begin{aligned} E_{a} &= \frac{E}{1 - \lambda\mu} \\ \mu_{a} &= \frac{\mu - \lambda}{1 - \lambda\mu} \\ \lambda &= \frac{(\mu E_{s} - \mu_{s}E)nS}{nSE_{s} + E} \end{aligned}\right\} \tag{4-33}$$

式中 E_{a}、μ_{a}——被支护后围岩的弹性模量与泊松比；

E、μ——未支护围岩的弹性模量与泊松比；

E_{s}、μ_{s}——锚杆的弹性模量与泊松比。

在合理“三径”匹配下，锚杆（索）提供的支护力 p_{i}^{m}：

$$p_{i}^{m} = \frac{S_{m}\sigma_{tm}}{lt} \tag{4-34}$$

式中 S_{m}——锚杆杆体的横截面积；

σ_{tm}——锚杆杆体的抗拉强度；

l、t——锚杆的间、排距。

锚索支护是在锚杆支护的基础上发展而来，除有上述几方面外，还具有锚固长度大、预紧力与锚固力大的优点，对锚固区内围岩起到挤压加固的作用，调动深处稳定围岩与浅处不稳定围岩，将变形压力及支护部位的岩层载荷传递到深处稳定岩层中。由于锚杆（索）支护的可靠性，在此基础上延伸出锚杆（索）联合支护、锚杆（索）桁架支护以及锚注支护等多种支护形式。

4.4.2 围岩注浆加固控制机理分析

围岩注浆加固是将浆液充入岩体裂隙中，使破碎岩体重新固结，从而改善围岩力学性能，提高围岩整体强度。注浆加固机理主要有以下几方面：

1. 改善弱面力学性能，提高围岩整体强度

注浆能够改善围岩弱面的内聚力与内摩擦角，阻止弱面的滑动与张开，控

制岩块之间的相对位移，进而提高围岩强度，如图 4-25 所示。注浆后围岩内聚力与内摩擦角均有不同程度的增大，强度与刚度也有较明显改善。注浆实验结果表明，内聚力能够提高 40%～70%，平均提高 50%，注浆后砂岩强度能提高 50%～70%，粉砂岩与泥质强度能够提高 3 倍，内聚力增加 40%～70%，弹性模量提高 22%～37.5%。

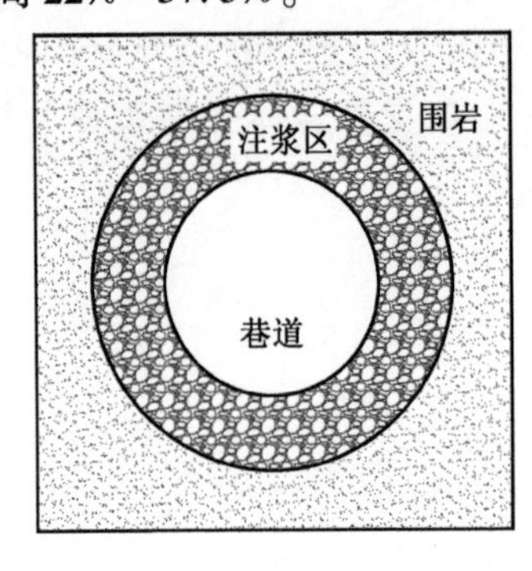

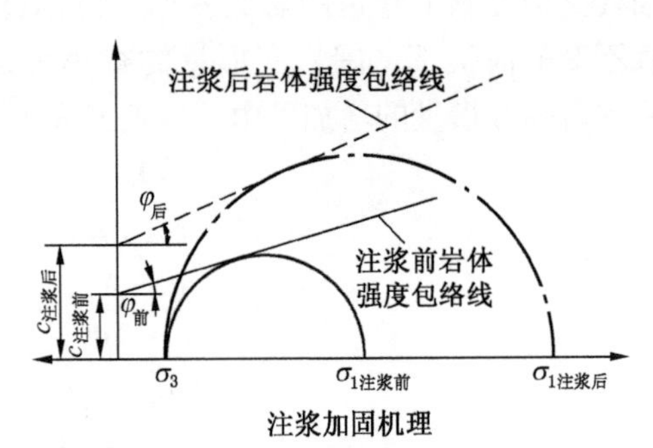

图 4-25　巷道围岩注浆加固机理示意图

2. 充填裂隙，形成承载结构

在破碎围岩中进行注浆，浆液可以充填部分裂隙，也可以使无法充填浆液的裂隙重新闭合，让破碎围岩重新固结成整体，形成承载结构，从而降低支护强度，研究表明注浆加固后围岩能够明显改善围岩应力分布，减小围岩变形，让支架荷载降低 2/3～4/5。

3. 改善围岩的赋存环境

巷道围岩注浆后，浆液可以及时封堵渗水通道，抑制或者减缓围岩软化，避免了因水分的存在而使围岩强度削弱。与此同时，浆液也能够封堵围岩内部裂隙，显著抑制围岩风化。

4.4.3　喷射混凝土支护机理分析

喷射混凝土支护就是将混凝土拌合物通过设备喷涂到巷道壁形成一层致密的混凝土喷层，当混凝土凝固硬化产生支护效应后便可起到加固围岩的目的。混凝土喷层能在巷道开掘后及时封闭围岩，减缓围岩变形。喷射混凝土提供的支护力 p_i^p 按下式计算：

$$\left.\begin{aligned} p_i^p &= \frac{2d_p\,\tau_p}{b\sin\alpha_p} \\ b &= 2R_0\cos\alpha_p \\ \alpha_p &= \frac{\pi}{4} - \frac{\varphi}{2} \end{aligned}\right\} \tag{4-35}$$

式中 d_p——混凝土喷层的厚度；

τ_p——混凝土的抗剪强度；

b——剪切锲形体宽度；

α_j——剪切破坏角；

α_p——混凝土喷层的剪切破坏角；

其余符号意义同上。

总的来说，喷射混凝土的支护机理包含以下几方面：

1. 改善巷道浅部围岩应力状态

喷射法施工能够将混凝土拌合物紧密地喷涂到围岩表面，因此混凝土喷层可以跟围岩紧密贴合并黏结在一起，待混凝土固化以后转为硬性支护，可对围岩表面施加径向支护力并提高其抗剪、抗拉能力，让巷道壁围岩向三向应力状态转变，改善其受力环境。

2. 喷射混凝土支护的卸载作用

混凝土喷层在为围岩提供阻止其发生变形的支护力基础上，固化时会随着围岩产生适量变形，允许围岩释放部分应力，在变形过程中起到卸压作用。同时，混凝土喷层的适度变形也可以释放其本身的部分弯曲应力，便于喷层稳定有效地提供支护力。

3. 填平围岩，形成较为光滑平整的巷道表面

混凝土浆液能够喷入巷道壁的裂隙中，将巷道凹凸不平的表面充填平整，将不连续的岩块固结成体，改善并提高岩块之间的镶嵌作用，增强岩块之间的摩擦阻力与黏结能力，控制围岩松动变形，减缓围岩应力集中。同时喷射混凝土能够为刚开挖巷道提供及时必要的支护，防止围岩过快出现有害变形。

4. 封闭巷道围岩，防止围岩软化

喷射混凝土可以紧跟掘进工作面，待巷道开挖后及时在巷道表面喷涂混凝土，可以形成保护层用以隔绝空气与水分对围岩的侵蚀，同时也能够抑制围岩裂隙中充填物的损失，提高围岩完整性。

4.4.4 钢管混凝土支架支护机理分析

钢管混凝土是在钢管中装填混凝土材料，钢管与其填充的混凝土共同承担荷载的组合构件。钢管混凝土承受外部荷载时两种不同性质的材料共同作用协同互补，首先，钢管的存在为内部填充的混凝土提供了套箍约束作用，在轴向受压过程中，保证混凝土处于三向应力状态，抑制了混凝土在受压过程中发生纵向开裂的概率，让混凝土具有更高的塑性与韧性，抗压性能提升明显。其次，借助混凝土的抗压性质，为外包的钢管提供支撑作用，防止钢管发生屈服变形，

增强钢管的几何稳定性。通过对这两种材料的组合，让钢管混凝土具备了极高的承载能力，并且钢管混凝土的承载能力通常要大于构成钢管混凝土两种材料单独受载时的承载能力之和，如图 4-26 所示。按照钢管混凝土构件的横截面形式可分为圆形、方形与矩形钢管混凝土。钢管混凝土支架是在钢管混凝土的基础上发展而来，将钢管弯曲成圆弧拱形，用套管将圆弧拱拼接成封闭或者半封闭形状，组装完成后在其钢管内部充填混凝土形成钢管混凝土支架。

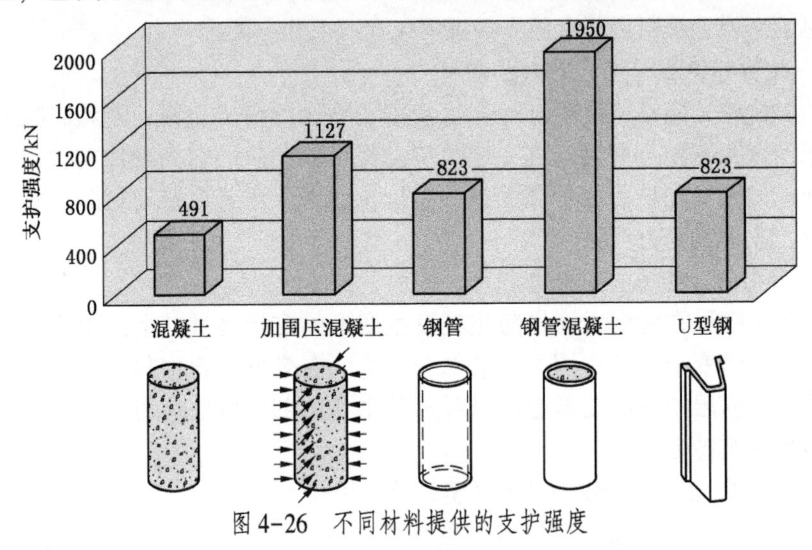

图 4-26　不同材料提供的支护强度

钢管混凝土支架的承载能力由选用的钢管及混凝土参数决定。根据《钢管混凝土结构技术规范》（GB 50936—2014）钢管混凝土短柱承载力 N_0 由下式获得：

$$\left.\begin{aligned} N_0 &= 0.9A_c f_c(1+\alpha\theta) \quad \theta \leqslant \frac{1}{(\alpha-1)^2} \\ N_0 &= 0.9A_c f_c(1+\sqrt{\theta}+\theta) \quad \theta > \frac{1}{(\alpha-1)^2} \end{aligned}\right\} \tag{4-36}$$

$$\theta = \frac{A_s f}{A_c f_c} \tag{4-37}$$

式中　θ——钢管混凝土构件的套箍系数；

α——与混凝土强度等级相关的系数，混凝土等级≤C50 时，$\alpha=2$，混凝土等级 C50～C80 时，$\alpha=1.8$；

A_c——钢管内混凝土横截面面积；

f_c——钢管内混凝土的抗压强度；

A_s——钢管的横截面；

f——钢管的抗压强度。

鉴于钢管混凝土支架在实际支护中，易受偏心率及长细比的影响，需要对支架承载力进行一定程度的折减，因此钢管混凝土支架极限承载力 N_u 由下式获得：

$$N_u = \varphi_e \varphi_l N_0 \tag{4-38}$$

$$\left.\begin{aligned} \varphi_e &= \frac{1}{1 + \dfrac{1.85e_0}{A_c}} \qquad \frac{e_0}{A_c} \leqslant 1.55 \\ \varphi_e &= \frac{1}{3.92 - 5.16\varphi_l + \varphi_l \dfrac{e_0}{0.3A_c}} \qquad \frac{e_0}{A_c} > 1.55 \end{aligned}\right\} \tag{4-39}$$

$$\left.\begin{aligned} \varphi_l &= 1 - 0.115\sqrt{\frac{L_e}{D-4}} \qquad \frac{L_e}{D} > 30 \\ \varphi_l &= 1 - 0.0226\left(\frac{L_e}{D-4}\right) \qquad 4 < \frac{L_e}{D} \leqslant 30 \\ \varphi_l &= 1 \qquad \frac{L_e}{D} \leqslant 4 \end{aligned}\right\} \tag{4-40}$$

式中 φ_e——受偏心率影响折减系数；

φ_l——受长细比影响折减系数；

e_0——最大轴心偏心距；

L_e——柱的等效长度；

D——钢管外直径。

如图 4-27 所示，钢管混凝土支架提供的支护力 p_i^g 可近似按照下式计算：

$$l_g \int_0^{180} p_i^g R_0 \sin\theta \mathrm{d}\theta = 2N_u \tag{4-41}$$

式中 l_g——钢管混凝土支架间距；

p_i^g——钢管混凝土支架的支护力；

R_0——巷道半径；

其余符号意义同上。

4.4.5 围岩应力转移控制机理分析

围岩应力转移就是通过人为干预的措施降低围岩应力，在巷道附近形成一定范围的围岩弱化区，改变围岩的应力状态，使巷道周围存在的高应力转移到围岩深处，避免巷道围岩处于应力集中区，从而达到卸压的目的。

应力转移措施通常有巷内卸压、巷外卸压以及跨采卸压等几种形式。巷内

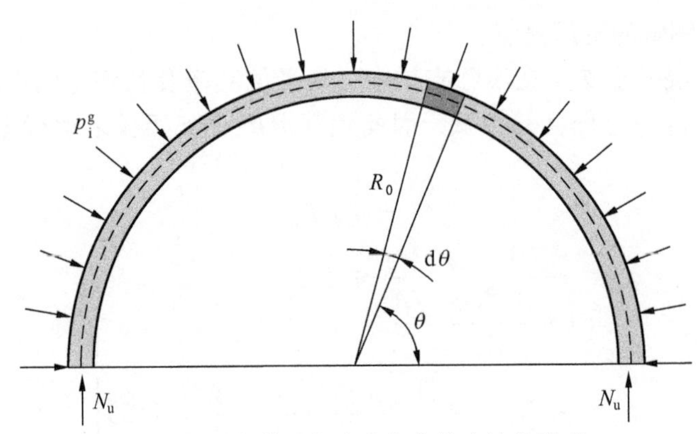

图 4-27 钢管混凝土支架支护力计算模型

卸压指在巷道内打钻、松动爆破、切缝、开卸压槽等措施使巷道附近围岩产生弱化区，将高应力转移至围岩深处。巷外卸压指在巷道外部开掘巷道形成弱化区，让围岩应力重新分布，达到改变围岩受力状态的目的。跨采卸压指借助煤层开采后造成的围岩应力重新分布，在应力降低区内开挖巷道达到利于维护巷道的措施。各种卸压方式的作用机理如出一辙，因此以开槽卸压为例进行论述。

开槽卸压就是在巷道附近通过开槽或者钻孔的方式人为地使围岩强度降低，改变巷道近处围岩应力状态，降低围岩应力峰值并将其转移至围岩深处，同时也能够吸收一部分围岩应力调整过程中出现的变形，为围岩的变形提供补偿空间，如图 4-28 所示。这样能减轻作用在围岩、锚杆（索）或者支架等支护形式上的压力，降低变形量，为维护巷道稳定提供良好的应力环境。开槽卸压的卸压效果与卸压槽的方向、形状、几何尺寸以及开槽的时间选择有关。

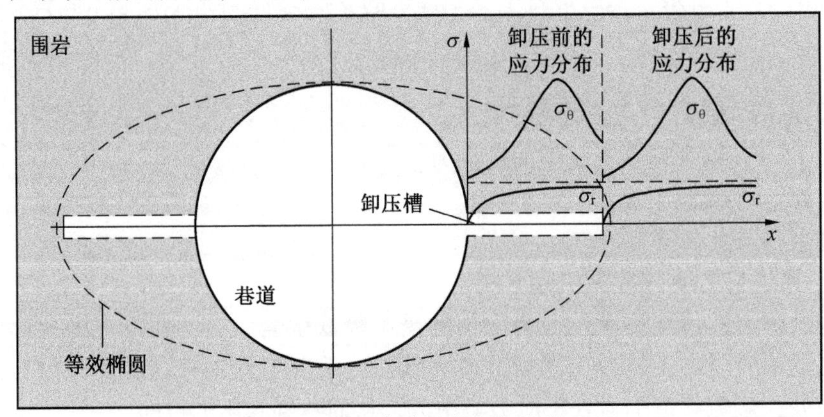

图 4-28 巷道围岩应力转移

5 深部巷道等强支护控制理论现场应用

本章选取新元煤矿冀家垴风井车场巷道作为现场试验巷道，根据试验巷道的地质条件、围岩理化特性分析巷道变形破坏原因。基于深部巷道等强支护控制理论及钢管混凝土支架支护技术，提出冀家垴风井车场巷道等强支护方案，同时对试验巷道进行监测与分析，旨在对等强支护方案围岩控制效果进行评价。

5.1 试验巷道工程概况

5.1.1 地质概况

山西省新元煤矿位于沁水煤田西北部，行政划归山西省晋中市。井田内大部为第四系黄土覆盖，局部零星有基岩出露。详细地层与地质描述如图 5-1 所示。

井田区域存在一单斜基本构造，向南倾斜，大致呈东西走向，倾角为 4°~21°，一般不大于 10°。井田内断层构造赋存较少，岩浆岩侵入效应不显著，从整体上概括该井田的构造条件为简单类型。

该井田内含煤地层平均总厚度为 13.81 m。可采煤层有 3、6、8、9、15 号和 $15_{下}$ 号六层，平均总厚度为 11.73 m，可采含煤系数为 6.5%。3 号煤层为山西组的主要可采煤层；9 号和 15 号煤层为太原组的主要可采煤层。

5.1.2 原支护方案概述

冀家垴风井井筒落底于 3 号煤底板下方 22 m 的细砂岩中，车场巷道沿 3 号煤层底板布置，风井车场巷道平面图如图 5-2 所示。图 5-2 中虚线矩形区域为巷道试验段，巷道埋深约为 506 m，巷道围岩以泥岩与砂岩为主。

冀家垴风井车场巷道原始断面尺寸为 5600 mm×4200 mm 的直墙半圆拱形巷道。原支护方案为 U29 型钢拱棚+锚索+喷射混凝土联合支护，其中 U29 型钢拱棚距为 1000 mm，锚索尺寸为 ϕ17.8 mm×6300 mm，锚索间排距为 1000 mm×1000 mm，原支护方案如图 5-3 所示。

基于现场调查以及监测数据，该巷道的变形破坏有以下几方面特征：

地质系统		累厚/m	层厚/m	柱状 1:200	层号	岩性	岩性描述
系统	组段						
下二叠纪统 P_1	山西组 P_{1S}	496	10.50		50	灰色细砂岩	成分以石英为主，其次长石，云母碎片，含黑色矿物。分选中等，磨圆中等，钙质胶结，波状层理
		495.5	1.50		51	灰黑色砂质泥岩	性脆，断口参差状，富含植物茎叶化石
		502.2	6.70		52	灰色细砂岩	石英为主，其次长石，分选好，磨圆好，硅质及钙质胶结，缓波状层理，夹薄层状砂质泥岩条带
		504.2	2.00		53	黑色泥岩	性软，结构细腻，断口平坦状，富含植物化石
		506.6	2.40		54	3号煤	亮煤为主，其次暗煤夹有炭丝及薄层泥岩，属半亮型煤
		511.9	5.30		55	黑色泥岩	性软，结构细腻，含大量植物茎化石，夹砂岩条带
		514	2.10		56	灰色细砂岩	石英为主，含黑色矿物，分选中等，磨圆中等，钙质胶结，夹有煤线
		522.6	8.60		57	灰黑色泥岩	性脆，含铝质，含植物化石，具裂隙，方解石充填，夹细砂岩条带
		528.9	6.30		58	灰色细砂岩	石英为主，磨圆分选均好，含黑色细砂岩条带，具裂隙

图 5-1　风井车场顶底板岩性及描述

（1）巷道围岩变形较大且不均匀。根据现场调查结果，顶板下沉严重，围岩出现冒顶塌落，从而形成尖角，同时两帮向巷道内收缩，部分底板存在底鼓现象，底板变形情况要好于顶板与两帮。巷道顶板最大下沉量与两帮最大移进量分别超过 1100 mm 与 350 mm，在极个别地段顶板会发生急剧塌落，塌落高度在 500~3000 mm 之间，并且在巷道内堆积着大量塌落岩石，如图 5-4a~图 5-4c 所示。

（2）巷道变形速率快，持续时间久。巷道开挖后，短期内就能够产生较大变形，巷道初始变形速率可达 4.53 mm/d，安装 U29 型钢拱棚后变形依旧较大。部分监测数据显示，开挖 6 个月后，围岩变形速率仍然能维持在 0.4~

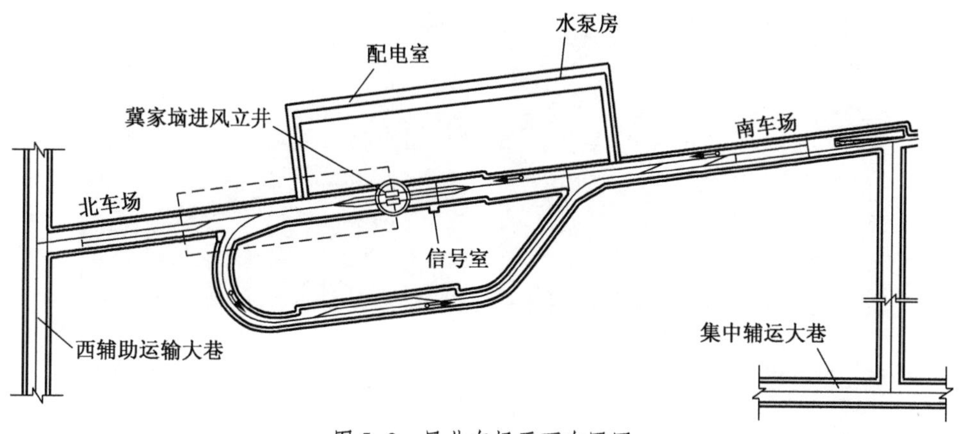

图 5-2 风井车场平面布置图

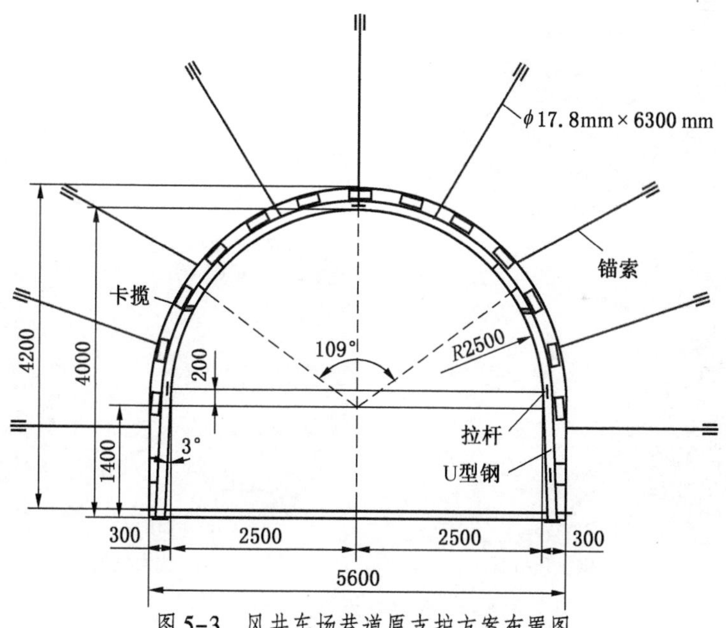

图 5-3 风井车场巷道原支护方案布置图

2.15 mm/d。

（3）支护构件失效。巷道开挖后及时安装支护构件变形破坏仍然发生，即便在返修多次的情况下仍然得不到理想的支护效果。在巷道顶板及两帮围岩变形严重的部位，U29 型钢拱棚会发生扭曲变形甚至折断，如图 5-4d、图 5-4e 所示。在塌落严重部位，完整的锚索暴露在外，如图 5-4f 所示，表明这些锚索未能达到预期的支护效果。

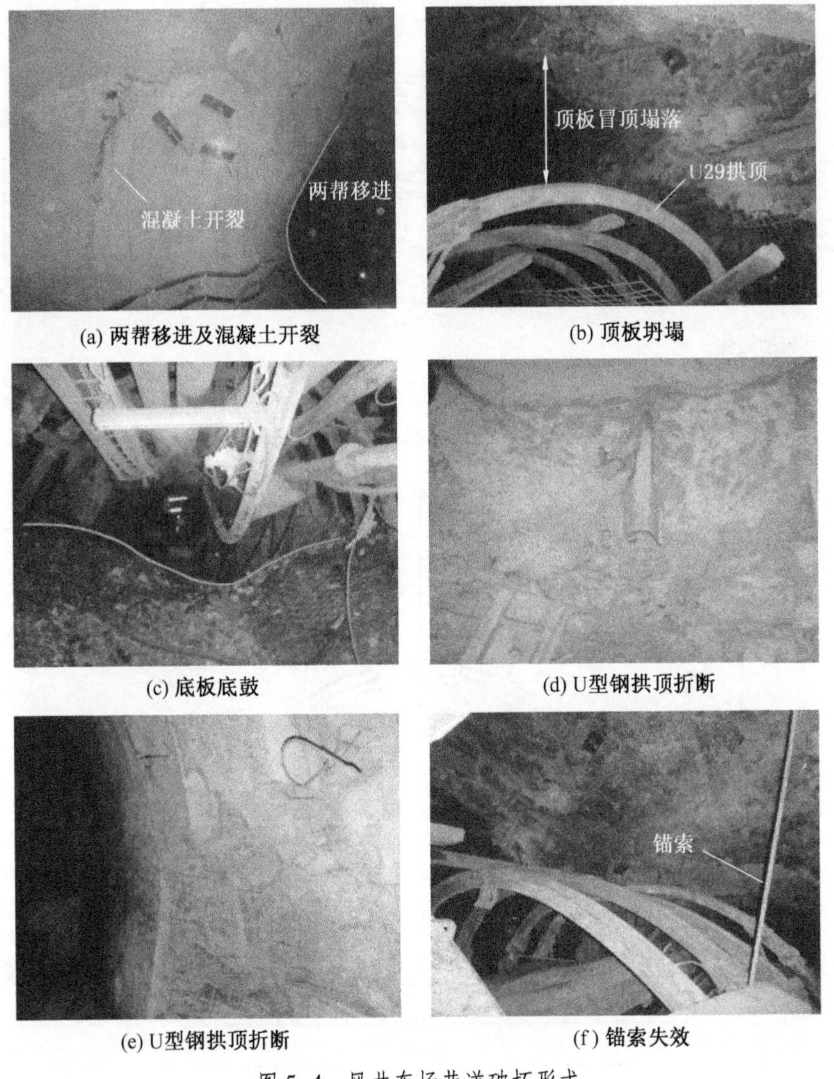

(a) 两帮移进及混凝土开裂　(b) 顶板坍塌

(c) 底板底鼓　(d) U型钢拱顶折断

(e) U型钢拱顶折断　(f) 锚索失效

图 5-4　风井车场巷道破坏形式

以上分析表明，原支护方案不能有效地维持巷道稳定，影响巷道的正常使用。

5.2　围岩力学性质及支护失效分析

5.2.1　围岩力学性质测定

煤岩样取自井底车场巷道顶底板及两帮。采用中国矿业大学（北京）煤炭资源与安全开采国家重点实验室 GCTS RTR-1000 岩石三轴试验系统对试件进行力学性质测定，如图 5-5 所示。

(a) 岩石试件

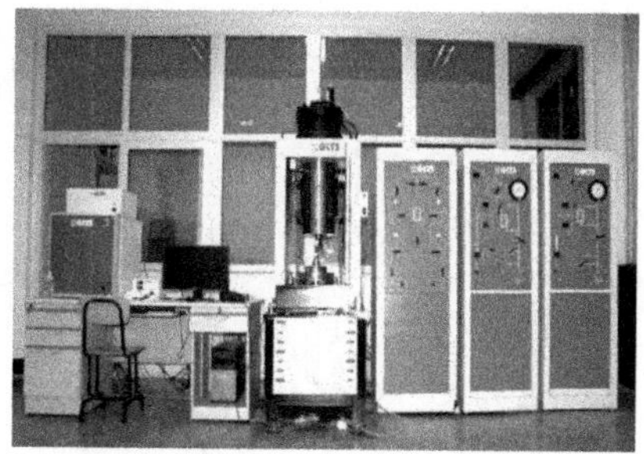

(b) GCTS RTR-1000岩石力学试验系统

图 5-5 岩石试件及测试系统

对组成顶底板及两帮的煤岩进行了单轴和三轴实验。单轴压缩下试件的应力-应变曲线如图 5-6 所示，三轴压缩下试件的应力-应变曲线如图 5-7 所示。

从图 5-6 分析得出，单轴压缩时，细砂岩与煤体试件的单轴抗压强度差异明显，分别在 33.11~108.14 MPa 与 9.58~22.72 MPa 之间变化，泥岩的抗压强度在 34.78~41.56 MPa 范围内变化。造成该现象的因素是由于岩样内部节理裂隙分布不均匀、试样完整性较差且岩样有灰岩、煤岩组合体等，同时部分煤体中含有泥岩造成试件强度有所差异。另外，单轴压缩试样峰后应力-应变曲线较明显，呈现出较显著的塑性特征，表明岩石在此时产生塑性破坏。

从图 5-7 分析得出，围压从 5 MPa 增加到 20 MPa 时，试件的抗压强度逐渐增大，总体而言，试件的三轴抗压强度分别保持在 109.82~164.32 MPa、35.29~

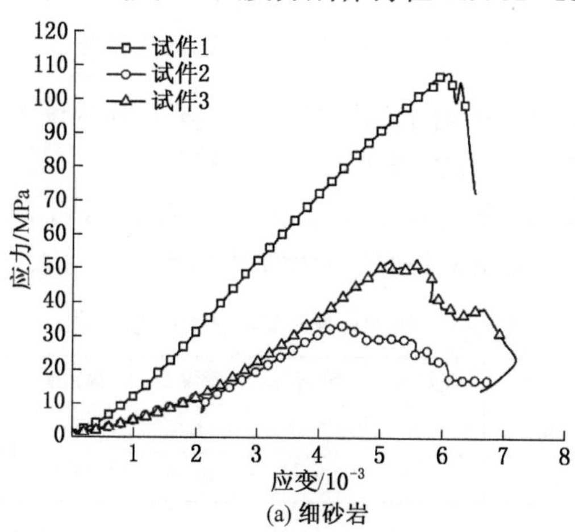

(a) 细砂岩

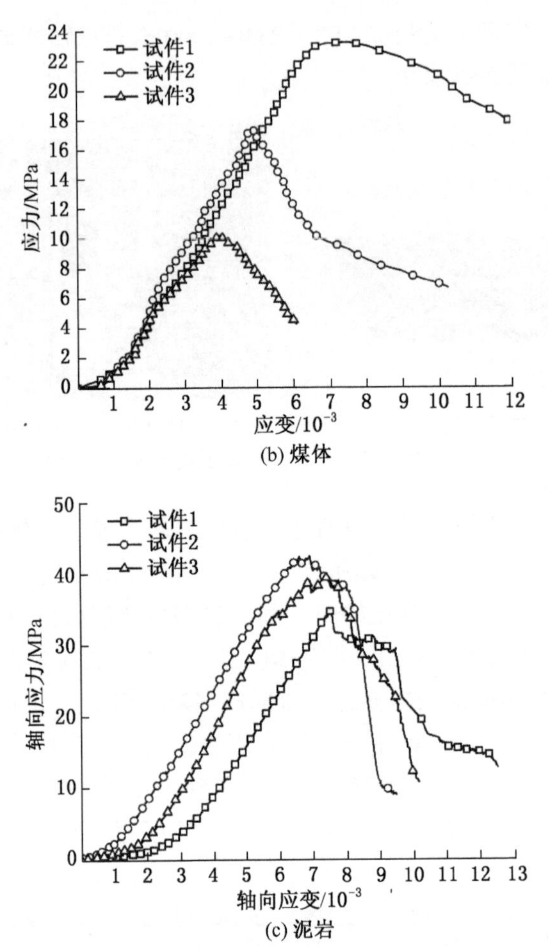

(b) 煤体

(c) 泥岩

图 5-6　单轴压缩下试件应力-应变图

62.89 MPa、51.45~118.69 MPa，总体呈现出随着围压的增大，试件的强度也在逐步提高，岩石的应力-应变曲线呈现塑性破坏特征。

同时对细砂岩及泥岩进行矿物成分分析，其中泥岩和细砂岩各 3 个，成分分析结果取平均值。围岩的矿物成分分析结果见表 5-1。

表 5-1　细砂岩与泥岩矿物成分与含量

矿物成分	石英	高岭石	伊利石	蒙脱石	锐钛矿	黄铁矿	钠长石
细砂岩相对含量/%	34.9	5.5	3.8	4.6	4.0	16.0	31.2
泥岩相对含量/%	20.3	19.7	20.5	26.0	13.5	—	—

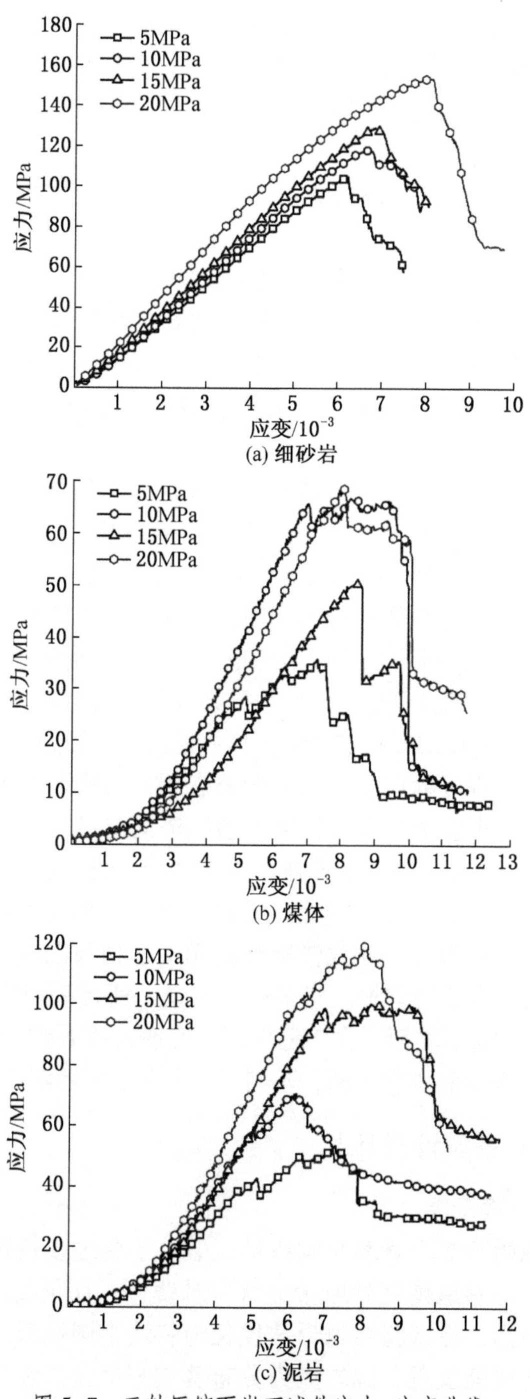

图 5-7 三轴压缩下岩石试件应力-应变曲线

通过成分分析发现，黏土矿物含量在细砂岩与泥岩和煤岩中的含量分别为13.9%与66.2%，由于膨胀软岩自身强度低，极易碎胀扩容，如此可观的黏土含量在一定程度上加剧了围岩的遇水膨胀和变形失稳。

5.2.2 巷道支护失效分析

根据巷道变形破坏特征、现场资料及围岩性质测试结果，该巷道变形失稳的原因总结如下：

（1）围岩完整性差。围岩的完整性是控制巷道变形破坏的重要因素。众所周知，围岩能够形成自稳结构，围岩完整性越差自稳能力越低，变形越大。巷道顶底板为泥岩、细砂岩，围岩力学测试表明，试验巷道可划分为软岩巷道。此外，塌落的围岩呈细小的碎块状，说明围岩完整性差，自稳能力低，如图5-4a~图5-4c所示。

（2）地应力高，围岩强度低。试验巷道底部埋深约506 m，垂直应力约为12.7 MPa，侧压系数 λ 为1.2。巷道开挖后，既存在偏应力又存在集中应力。因此，应力明显增大，极易超过围岩强度。靠近巷道的围岩处于峰后阶段，偏应力和集中应力向远离巷道的围岩传递。因此，巷道变形显著发展。围岩受到的高应力与低强度围岩之间的矛盾不可避免地导致巷道变形较大。

（3）黏土矿物成分高，易崩解。围岩矿物成分测试结果表明，泥岩与细砂岩中黏土矿物含量分别为66.2%和13.9%，其中蒙脱石含量分别为26.0%和4.6%，且富含孔隙并有不同程度的风化。地质调查表明，巷道上方细砂岩地层为含水层。巷道开挖后，含水层中的水能够沿着裂隙流向巷道，围岩在水的作用下易发生膨胀软化，从而导致巷道围岩膨胀与强度降低，进一步加剧了巷道的变形。

（4）U型钢拱棚支护方案不合理，承载力低。如前文所述，围岩破碎，巷道顶板出现严重的冒顶塌落，导致锚索外露无法达到预期的支护效果，U型钢拱棚无法为围岩提供有效的支护。对于软岩巷道，通常采用锚喷支护与U型钢拱棚相结合的支护方案。然而，在工程应用中发现大量U型钢拱棚断裂和弯曲，说明U型钢拱棚的强度和刚度太低，不利于软岩巷道的稳定。

5.3 等强支护方案设计及应用

5.3.1 等强支护方案设计

试验巷道的原始断面为直墙半圆拱形，但由于巷道顶板冒顶塌落等导致巷道断面显著扩大，将巷道恢复到原始形状费时费力，且底鼓量较小，修复相对容易，基于以上原因，将试验巷道形状优化为斜墙半圆拱形，尽管形状有所改变，但通过前人的研究发现，围岩应力分布基本相似，二者的应力改变在可控范围内，因此采用钢管混凝土支架与锚网喷联合支护形式控制围岩变形。

根据围岩力学性质测定结果，得围岩力学参数如下：细砂岩弹性模量 $E=19.55$ GPa，内聚力 $c=20.75$MPa，内摩擦角 $\varphi=20°$；泥岩弹性模量 $E=12.26$ GPa，内聚力 $c=8.21$MPa，内摩擦角 $\varphi=27°$。依据等强支护理论将其代入式（3-79）、式（4-25）~式（4-27），得到全断面中侧帮与底板的隅角部分所需的支护力最大，最大支护力为 2.51 MPa。

根据钢管混凝土支架承载能力与支护强度的合理匹配，选用 ϕ194 mm×10 mm 的无缝钢管作为支护钢管，选用 ϕ223 mm×10 mm 的无缝钢管作为接头套管。支架间距为 1000 mm，由于在底板安设锚索难度较大，因此在靠近底板的侧帮附近安设锚索并倾斜一定角度，锚索尺寸为 ϕ21.6 mm×8200 mm，同时为了固定钢管混凝土支架，在圆形拱起止点安装 2 根 ϕ20 mm×2000 mm 高强度锚杆，锚索与锚杆的间排距均为 800 mm。此外，在底板上安装两根 ϕ20 mm×2000 mm 锚杆，间排距为 2400 mm×800 mm。根据锚杆（索）与钻孔的合理“三径”匹配关系，优先选用 28 mm 钻孔。锚杆（索）与 2150 mm 长的钢带、100 mm×100 mm 网格的钢丝网配合使用。由于顶板塌落严重，拱顶变形轻微，巷道顶板未设置锚杆和锚索。喷混凝土采用标号为 C20 的硅酸盐水泥，平均厚度为 100 mm。支护设计如图 5-8 所示。

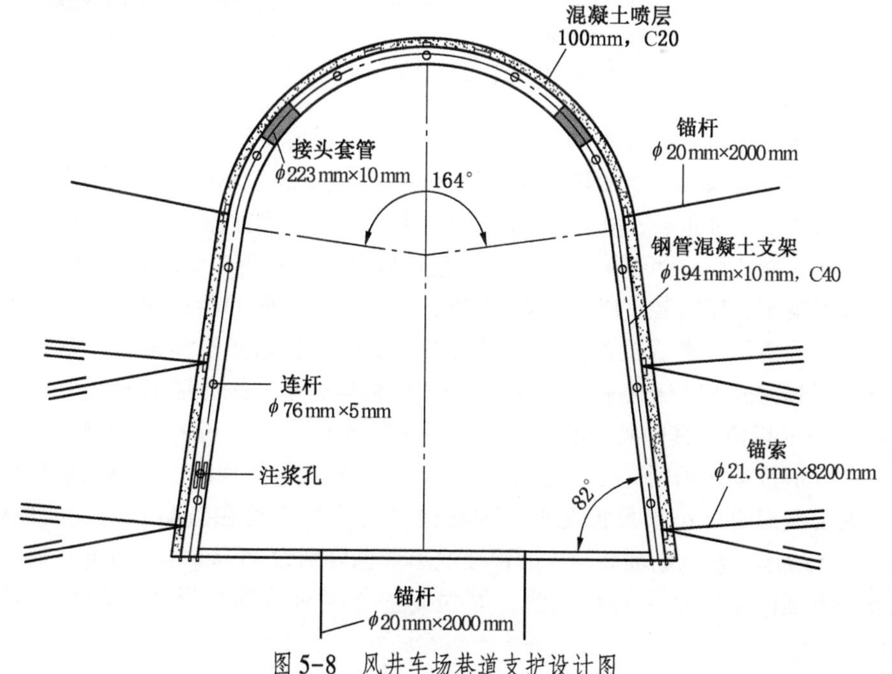

图 5-8　风井车场巷道支护设计图

钢管混凝土支架由三段 ϕ194 mm×10 mm 钢管组成，包括两段斜墙段和一段弧形拱段，套管连接三段钢管，形成整体支撑，从支架底部的注浆孔向钢管内灌注标号为 C40 的混凝土。为了防止支架倾斜并增加其整体稳定性，相邻支架由 11 个连杆支撑。连杆采用 ϕ76 mm×5 mm 钢管，沿钢管混凝土支架侧面均匀布置。通过式（5-34）、式（5-35）、式（5-41）计算可知，重新设计的等强支护方式提供的支护强度为 2.87 MPa，能够满足支护需要。

5.3.2 等强支护效果分析

等强支护后的整体支护效果图如图 5-9 所示。将原支护方案和等强支护方案对围岩的控制效果进行对比，结果表明，等强支护后的巷道没有明显的变形破坏，表明等强支护方案有效地控制了巷道大变形。

(a) 原支护方案支护效果

(b) 等强支护效果

图 5-9 风井车场巷道整体支护效果图

为了评价等强支护方案的支护效果，对巷道围岩变形量进行了监测，其中主要监测两帮与顶板的变形量。在试验巷道段共选取 3 个不同巷道断面设置监测点，采用“十”字布点方法进行巷道围岩变形监测，监测数据如图 5-10 所示。

巷道围岩变形监测结果表明，三个监测断面的围岩变形发展趋势基本一致。在钢管混凝土支架安装完成后的 60 天内，三个监测断面的巷道变形均在可控范围内呈线性增长，之后随着监测时间的增加变形增长趋势逐渐减小。钢管混凝土支架安装完成 100 天之后，巷道围岩变形基本不变，巷道帮部的变形量均控制在 40 mm 以内，其中监测断面 2 的帮部变形最大为 36.1 mm，监测断面 1 与 3 的帮部变形量基本相同，变形量大致为 28 mm，巷道保持稳定。整体变形趋势表明，两帮变形明显小于顶板变形。顶板最大变形量出现在监测断面 1 的顶板，但仅为 57 mm，监测断面 2 与 3 的顶板变形量也分别为 45 mm 与 42 mm。通过与原支护方案的支护结果对比表明，等强支护方案对控制车场巷道的变形是有效的。

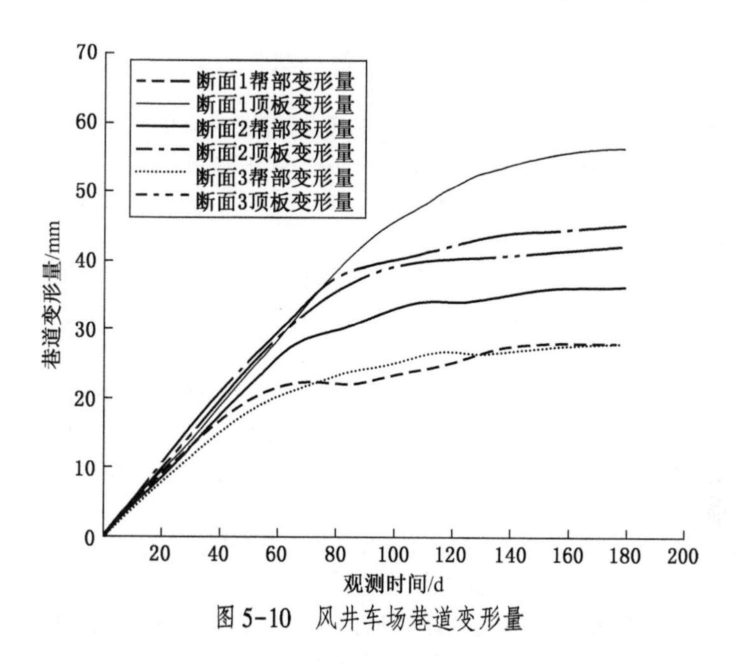

图 5-10 风井车场巷道变形量

参 考 文 献

[1] 国家能源局．焦点访谈特别节目：推动新时代能源事业高质量发展［EB/OL］. http：//www. nea. gov. cn/2020-12/30/c_ 139629648. htm，2020-12-30.

[2] 国家统计局．中国统计年鉴（2021 年）［EB/OL］. http：//www. stats. gov. cn/tjsj/ndsj/2021/indexch. htm.

[3] 中国矿业网．“十四五”期间，煤炭仍将占到我国一次能源消费的一半以上［EB/OL］. http：//www. chinamining. org. cn/index. php? a = show&c = index&catid = 6&id = 30622&m = content，2020-01-15.

[4] 国家发展改革委，能源局．关于印发《“十四五”现代能源体系规划》的通知［EB/OL］. https：//www. ndrc. gov. cn/xxgk/zcfb/ghwb/202203/t20220322_ 1320016. html.

[5] 何满潮，谢和平，彭苏萍，等．深部开采岩体力学研究［J］. 岩石力学与工程学报，2005(16)：2803-2813.

[6] 康红普，王国法，姜鹏飞，等．煤矿千米深井围岩控制及智能开采技术构想［J］. 煤炭学报，2018，43(7)：1789-1800.

[7] 谢和平．深部岩体力学与开采理论研究进展［J］. 煤炭学报，2019，44(5)：1283-1305.

[8] 黄炳香，张农，靖洪文，等．深井采动巷道围岩流变和结构失稳大变形理论［J］. 煤炭学报，2020，45(3)：911-926.

[9] 谢和平，高峰，鞠杨．深部岩体力学研究与探索［J］. 岩石力学与工程学报，2015，34(11)：2161-2178.

[10] 冯夏庭，陈炳瑞，明华军，等．深埋隧洞岩爆孕育规律与机制：即时型岩爆［J］. 岩石力学与工程学报，2012，31(3)：433-444.

[11] 袁越，王卫军，袁超，等．深部矿井动压回采巷道围岩大变形破坏机理［J］. 煤炭学报，2016，41(12)：2940-2950.

[12] 康红普，王金华．煤巷锚杆支护理论与成套技术［M］. 北京：煤炭工业出版社，2007.

[13] 何满潮，袁和生，靖洪文，等．中国煤矿锚杆支护理论与实践［M］. 北京：科学出版社，2004.

[14] 康红普．我国煤矿巷道围岩控制技术发展 70 年及展望［J］. 岩石力学与工程学报，2021，40(1)：1-30.

[15] 蔡美峰，何满潮，刘东燕．岩石力学与工程（第二版）［M］. 北京：科学出版社，2013.

[16] 吴顺川，李利平，张晓平．岩石力学［M］. 北京：高等教育出版社，2021.

[17] Golser J，Mussger K. New Austrian tunnelling method(NATM)，contractual aspects. In：Tunnelling under difficult conditions，proceedings of the international tunnel symposium[M]. Tokyo：Pergamon Press，1979.

[18] Brown E T. Putting the NATM into perspective[J]. Tunnels and Tunnelling International,

1981，13(10)：13-17.

[19] 尤尔饮科．用能量理论计算锚杆支架参数，煤矿掘进技术译文集：锚杆支护［M］．北京：煤炭工业出版社，1976.

[20] 郑雨天．论我国软岩巷道支护的基本框架和几个误区，中国煤矿软岩巷道支护理论与实践［M］．徐州：中国矿业大学出版社，1996.

[21] 冯豫．我国软岩巷道支护的研究［J］．矿山压力与顶板管理，1990，2(2)：1-5.

[22] 于学馥，乔端．轴变论和围岩稳定轴比三规律［J］．有色金属，1981(4)：9-14.

[23] 于学馥，于加，徐骏．岩石力学新概念与开挖结构优化设计［M］．北京：科学出版社，1995.

[24] 侯朝炯，勾攀峰．巷道锚杆支护围岩强度强化机理研究［J］．岩石力学与工程学报，2000，19(3)：342-345.

[25] 侯朝炯团队．巷道围岩控制［M］．徐州：中国矿业大学出版社，2013.

[26] 董方庭，宋宏伟，郭志宏，等．巷道围岩松动圈支护理论［J］．煤炭学报，1994，19(1)：21-32.

[27] 董方庭．巷道围岩松动圈支护理论及应用技术［M］．北京：煤炭工业出版社，2001.

[28] 何满潮，高尔新．软岩巷道耦合支护力学原理及其应用［J］．水文地质工程，1998(2)：1-4.

[29] 方祖烈．拉压域特征及主次承载区的维护理论//何满潮，黄福昌，闫吉太．世纪之交软岩工程技术现状与展望［M］．北京：煤炭工业出版社，1999：48-51.

[30] 康红普．巷道围岩的承载圈分析［J］．岩土力学，1996，17(4)：84-89.

[31] 康红普．巷道围岩的关键圈理论［J］．力学与实践，1997，19(1)：34-36.

[32] 王卫军，李树清，欧阳广斌．深井煤层巷道围岩控制技术及试验研究［J］．岩石力学与工程学报，2006，25(10)：2102-2107.

[33] 李树清，王卫军，潘长良．深部巷道围岩承载结构的数值分析［J］．岩土工程学报，2006，28(3)：377-381.

[34] 黄庆享，刘玉卫．巷道围岩支护的极限自稳平衡拱理论［J］．采矿与安全工程学报，2014，31(3)：354-358.

[35] 黄庆享，石中情．三软煤层巷道围岩自稳平衡圈分析［J］．西安科技大学学报，2016，36(3)：331-335.

[36] 黄庆享，郑超．巷道支护的自稳平衡圈理论［J］．岩土力学，2016，37(5)：1231-1236.

[37] 袁亮，薛俊华，刘泉声，等．煤矿深部岩巷围岩控制理论与支护技术［J］．煤炭学报，2011，36(4)：535-543.

[38] 潘一山，齐庆新，王爱文，等．煤矿冲击地压巷道三级支护理论与技术［J］．煤炭学报，2020，45(5)：1585-1594.

[39] 齐庆新，李一哲，赵善坤，等．我国煤矿冲击地压发展70年：理论与技术体系的建立

与思考 [J]. 煤炭科学技术, 2019, 47(9): 1-40.
[40] 刘国磊. 钢管混凝土支架性能与软岩巷道承压环强化支护理论研究 [D]. 北京: 中国矿业大学 (北京), 2013.
[41] 高延法, 刘珂铭, 何晓升, 等. 钢管混凝土支架在千米深井动压巷道中的应用 [J]. 煤炭科学技术, 2015, 43(8): 7-12.
[42] 康红普, 王国法, 姜鹏飞, 等. 煤矿千米深井围岩控制及智能开采技术构想 [J]. 煤炭学报, 2018, 43(7): 1789-1800.
[43] 康红普, 姜鹏飞, 黄炳香, 等. 煤矿千米深井巷道围岩支护-改性-卸压协同控制技术 [J]. 煤炭学报, 2020, 45(3): 845-864.
[44] 杨本生, 高斌, 孙利辉, 等. 深井软岩巷道连续"双壳"治理底鼓机理与技术 [J]. 采矿与安全工程学报, 2014, 31(4): 587-592.
[45] 杨本生, 贾永丰, 孙利辉, 等. 高水平应力巷道连续"双壳"治理底鼓实验研究 [J]. 煤炭学报, 2014, 39(8): 1504-1510.
[46] Williams P. The development of rock bolting in UK coal mining[J]. Mining Engineer, 1994, 18(3): 54-58.
[47] Cai F, Liu Z G, Lin B Q. Numerical simulation and experiment analysis of improving permeability by deep-hole presplitting explosion in high gassy and low permeability coal seam[J]. Journal of Coal science and Engineering, 2009, 15(2): 175-180.
[48] 侯朝炯, 郭励生, 勾攀峰. 煤巷锚杆支护 [M]. 徐州: 中国矿业大学出版社, 1999.
[49] 陆士良, 汤雷, 杨新安. 锚杆锚固力与锚固技术 [M]. 北京: 煤炭工业出版社, 1998.
[50] 康红普. 我国煤矿巷道锚杆支护技术发展60年及展望 [J]. 中国矿业大学学报, 2016, 45(6): 1071-1081.
[51] 左建平, 曹光明, 孙运江, 等. 采矿围岩破坏力学与全空间协同控制实践 [M]. 北京: 科学出版社, 2016.
[52] 何满潮, 景海河, 孙晓明. 软岩工程 [M]. 北京: 科学出版社, 2002.
[53] 陶志刚, 李梦楠, 庞仕辉, 等. 高恒阻大变形锚索静力学特性数值模拟分析及应用 [J]. 矿业科学学报, 2020, 5(1): 34-44.
[54] Bachmann D, Bouissou S, Chemenda A. Analysis of massif fracturing during deep-seated gravitational slope deformation by physical and numerical modeling[J]. Geomorphology, 2009, 103(1): 130-135.
[55] Dou L M, Lu C P, Mu Z L, et al. Prevention and forecasting of rock burst hazards in coal mines[J]. Mining Science and Technology, 2009, 19(5): 585-591.
[56] Parra M T, Villafruela J M, Castro F, et al. Numerical and experimental analysis of different ventilation systems in deep mines[J]. Building & Environment, 2006, 41(2): 87-93.
[57] 侯朝炯. 巷道金属支架 [M]. 北京: 煤炭工业出版社, 1989.
[58] 王悦汉, 王彩根, 周华强. 巷道支架壁后充填技术 [M]. 北京: 煤炭工业出版

社，1995.

[59] Fernandez G，Moon J. Excavation-induced hydraulic conductivity reduction around a tunnel-Part 1：Guideline for estimate of ground water inflow rate[J]. Tunnelling and Underground Space Technology，2010，25(5)：560-566.

[60] Henning Wolf，Diethard König，Theodoros Triantafyllidis. Experimental investigation of shear band patterns in granular material [J]. Journal of Structural Geology，2003，25(8)：1229-1240.

[61] 高延法，王波，王军，等．深井软岩巷道钢管混凝土支护结构性能试验及应用［J］. 岩石力学与工程学报，2010，29(S1)：2604-2609.

[62] 高延法，刘珂铭，冯绍伟，等．早强混凝土实验与极软岩巷道钢管混凝土支架应用研究［J］. 采矿与安全工程学报，2015，32(4)：537-543.

[63] 张振峰，康红普，姜志云，等．千米深井巷道高压劈裂注浆改性技术研发与实践［J］. 煤炭学报，2020，45(3)：972-981.

[64] 马国彦，常振华．岩体注浆排水锚固理论与实践［M］. 北京：中国水利水电出版社，2003.

[65] 胡社荣，戚春前，赵胜利，等．我国深部矿井分类及其临界深度探讨［J］. 煤炭科学技术，2010，38(7)：10-13，43.

[66] 谢和平．“深部岩体力学与开采理论”研究构想与预期成果展望［J］. 工程科学与技术，2017，49(2)：1-16.

[67] 李化敏，付凯．煤矿深部开采面临的主要技术问题及对策［J］. 采矿与安全工程学报，2006(4)：468-471.

[68] 史天生．深井凿井技术与装备［J］. 江西煤炭科技，1994(4)：3-10.

[69] 何满潮．深部的概念体系及工程评价指标［J］. 岩石力学与工程学报，2005(16)：2854-2858.

[70] 周宏伟，谢和平，左建平．深部高地应力下岩石力学行为研究进展［J］. 力学进展，2005(1)：91-99.

[71] 钱七虎．深部岩体工程响应的特征科学现象及“深部”的界定［J］. 东华理工学院学报，2004(1)：1-5.

[72] 张培丰．地层温度对科学超深井井壁稳定的影响［J］. 探矿工程（岩土钻掘工程），2011，38(10)：1-5.

[73] 杨德源，杨天鸿．矿内热环境及其控制［M］. 北京：冶金工业出版社，2009.

[74] 王希然，李夕兵，董陇军．矿井高温高湿职业危害及其临界预防点确定［J］. 中国安全科学学报，2012，22(2)：157-163.

[75] 那寒矗．深井矿山岩体热害源分析与控制［D］. 长沙：中南大学，2014.

[76] 吴基文，王广涛，翟晓荣，等．淮南矿区地热地质特征与地热资源评价［J］. 煤炭学报，2019，44(8)：2566-2578.

[77] 谭静强，琚宜文，侯泉林，等．淮北煤田宿临矿区现今地温场分布特征及其影响因素 [J]. 地球物理学报，2009，52(3)：732-739.
[78] 吴海权，杨则东，疏浅，等．安徽省地热资源分布特征及开发利用建议 [J]. 地质学刊，2016，40(1)：171-177.
[79] 毛克明．深部工程围岩断裂机理数值模拟研究 [D]. 长沙：湖南大学，2014.
[80] 康健．岩石热破裂的研究及应用 [M]. 大连：大连理工大学出版社，2008.
[81] 屈永龙．新庄煤矿白垩系砂岩冻结状态下物理力学特性试验研究 [D]. 西安：西安科技大学，2014.
[82] 吴刚，邢爱国，张磊．砂岩高温后的力学特性 [J]. 岩石力学与工程学报，2007，(10)：2110-2116.
[83] 宫凤强．动静组合加载下岩石力学特性和动态强度准则的试验研究 [D]. 长沙：中南大学，2010.
[84] 左建平，魏旭，王军，等．深部巷道围岩梯度破坏机理及模型研究 [J]. 中国矿业大学学报，2018，47(3)：478-485.
[85] 钱七虎，李树忱．深部岩体工程围岩分区破裂化现象研究综述 [J]. 岩石力学与工程学报，2008(6)：1278-1284.
[86] 于学馥，郑颖人，刘怀恒．地下工程围岩稳定分析 [M]. 北京：煤炭工业出版社，1980.
[87] 王猛．煤矿深部开采巷道围岩变形破坏特征试验研究及其控制技术 [D]. 阜新：辽宁工程技术大学，2010.
[88] 王联合．大佛寺矿采区巷道围岩稳定性分析及支护技术研究 [D]. 西安：西安科技大学，2014.
[89] 张占涛．大断面煤层巷道围岩变形特征与支护参数研究 [D]. 北京：煤炭科学研究总院，2009.
[90] 陈子荫．围岩力学分析中的解析方法 [M]. 北京：煤炭工业出版社，1994.
[91] 萨文，HГ. 孔附近的应力集中 [M]. 北京：科学出版社，1960.
[92] 吕爱钟，张路清．地下隧洞力学分析的复变函数方法 [M]. 北京：科学出版社，2007.
[93] 徐芝纶．弹性力学 [M]. 北京：高等教育出版社，2006.
[94] Muskhelishvili N I. Some basic problems of the mathematical theory of elasticity[D]. Berlin: Springer Netherlands, 2009.
[95] 唐治，潘一山，李忠华，等．巷道围岩应力空间分布仿真分析 [J]. 土木建筑与环境工程，2014，36(3)：37-43.
[96] 李明，茅献彪．基于复变函数的矩形巷道围岩应力与变形粘弹性分析 [J]. 力学季刊，2011，32(2)：195-202.
[97] 姜学淼．煤矿巷道围岩应力场的复变函数解 [D]. 阜新：辽宁工程技术大学，2013.
[98] 闻国椿．共形映射与边值问题 [M]. 北京：高等教育出版社，1985.

[99] 郑颖人. 地下工程围岩稳定分析与设计理论 [M]. 北京：人民交通出版社，2012.
[100] 刘鸿文. 材料力学 [M]. 北京：高等教育出版社，2011.
[101] 勾攀峰，辛亚军，张和，等. 深井巷道顶板锚固体破坏特征及稳定性分析 [J]. 中国矿业大学学报，2012，41(5)：712-718.
[102] 李利萍，潘一山，章梦涛. 基于简支梁模型的岩体超低摩擦效应理论分析 [J]. 岩石力学与工程学报，2009，28(S1)：2715-2720.
[103] 穆成林，裴向军，路军富，等. 基于尖点突变模型巷道层状围岩失稳机制及判据研究 [J]. 煤炭学报，2017，42(6)：1429-1435.
[104] 左建平，文金浩，胡顺银，等. 深部煤矿巷道等强梁支护理论模型及模拟研究 [J]. 煤炭学报，2018，43(S1)：1-11.
[105] 杨建辉，曲晨，文献民. 基于岩体结构分析的煤巷锚杆支护技术 [M]. 北京：地质出版社，2009.
[106] 钱鸣高，石平五，许家林，等. 矿山压力与岩层控制 [M]. 徐州：中国矿业大学出版社，2010.
[107] 朱维申，何满潮. 复杂条件下围岩稳定性与岩体动态施工力学 [M]. 北京：科学出版社，1995.
[108] 万世文. 深部大跨度巷道失稳机理与围岩控制技术研究 [D]. 徐州：中国矿业大学，2011.
[109] 张帆舸. 深部巷道复合围岩变形特性与耦合控制技术研究 [D]. 徐州：中国矿业大学，2014.
[110] 郭占祥. 高应力软岩巷道支护技术研究 [D]. 青岛：山东科技大学，2008.
[111] 康红普，姜铁明，高富强. 预应力在锚杆支护中的作用 [J]. 煤炭学报，2007，32(7)：680-685.
[112] 康红普，姜铁明，高富强. 预应力锚杆支护参数的设计 [J]. 煤炭学报，2008，33(7)：721-726.
[113] 陈育民，徐鼎平. FLAC/FLAC3D 基础与工程实例（第 2 版）[M]. 北京：中国水利水电出版社，2013.
[114] 高林，刘勇，崔道品，等. 枫香矿区回采巷道锚杆支护设计 FLAC3D 模拟分析 [J]. 贵州大学学报（自然科学版），2015，32(5)：45-48.
[115] 张小康，王连国，吴宇，等. 高强让压锚杆支护效果数值模拟研究 [J]. 采矿与安全工程学报，2008，25(1)：46-49.
[116] 左建平，文金浩，刘德军，等. 深部巷道等强支护控制理论 [J]. 矿业科学学报，2021，6(2)：148-159.
[117] 刘德军，左建平，刘海雁，等. 我国煤矿巷道支护理论及技术的现状与发展趋势 [J]. 矿业科学学报，2020，5(1)：22-33.
[118] 朱德保. 阳城煤矿高应力破碎软岩巷道支护技术研究 [D]. 北京：中国矿业大学（北

京)，2016.

[119] Liu D J，Zuo J P，Wang J，et al. Large deformation mechanism and concrete-filled steel tubular support control technology of soft rock roadway-A case study[J]. Engineering Failure Analysis，2020，116.

[120] 王超．钢管混凝土支架在查干淖尔主斜井极软弱岩层中应用研究［D］. 北京：中国矿业大学（北京)，2012.

[121] 刘珂铭．钢管混凝土圆弧拱压弯性能实验与支护应用［D］. 北京：中国矿业大学（北京)，2016.

[122] 林志斌，张勃阳，李元海．非轴对称荷载作用下圆形巷道滑动失稳破坏分析［J］. 河南理工大学学报（自然科学版)，2017，36(4)：7-13.

[123] 马国彦，常振华．岩体注浆排水锚固理论与实践［M］. 北京：中国水利水电出版社，2003.

[124] 柏建彪，侯朝炯．深部巷道围岩控制原理与应用研究［J］. 中国矿业大学学报，2006(2)：145-148.

[125] 左建平，史月，刘德军，等．深部软岩巷道开槽卸压等效椭圆模型及模拟分析［J］. 中国矿业大学学报，2019，48(1)：1-11.

[126] 李桂臣，张农，王成，等．高地应力巷道断面形状优化数值模拟研究［J］. 中国矿业大学学报，2010，39(5)：652-658.